Target
Get back on track 5

Edexcel GCSE (9–1)
French
Writing

Geneviève Talon and Danièle Bourdais

Pearson

Published by Pearson Education Limited, 80 Strand, London, WC2R ORL.

www.pearsonschoolsandfecolleges.co.uk

Text © Pearson Education Limited 2017
Produced by Out of House Publishing
Typeset by Tech-Set Ltd, Gateshead

The rights of Geneviève Talon and Danièle Bourdais to be identified as authors of this work have been asserted by them in accordance with the Copyright, Designs and Patents Act 1988.

First published 2017

20 19 18 17
10 9 8 7 6 5 4 3 2 1

British Library Cataloguing in Publication Data
A catalogue record for this book is available from the British Library

ISBN 978 0 435 18906 8

Copyright notice
All rights reserved. No part of this publication may be reproduced in any form or by any means (including photocopying or storing it in any medium by electronic means and whether or not transiently or incidentally to some other use of this publication) without the written permission of the copyright owner, except in accordance with the provisions of the Copyright, Designs and Patents Act 1988 or under the terms of a licence issued by the Copyright Licensing Agency, Barnards Inn, 86 Fetter Lane, London EC4A 1EN (www.cla.co.uk). Applications for the copyright owner's written permission should be addressed to the publisher.

Printed in Slovakia by Neografia

Acknowledgements
The publisher would like to thank the following individuals and organisations for permission to reproduce photographs:

(Key: b-bottom; c-centre; l-left; r-right; t-top)

Alamy Stock Photo: Blend Images 1; **Pearson Education Ltd:** Studio 8 4, Jon Barlow 8, Tudor Photography 3; **Shutterstock.com:** Fotoluminate LLC 6, Syda Productions 5, White_Whale 7

All other images © Pearson Education

Pearson has robust editorial processes, including answer and fact checks, to ensure the accuracy of the content in this publication, and every effort is made to ensure this publication is free of errors. We are, however, only human, and occasionally errors do occur. Pearson is not liable for any misunderstandings that arise as a result of errors in this publication, but it is our priority to ensure that the content is accurate. If you spot an error, please do contact us at resourcescorrections@pearson.com so we can make sure it is corrected.

This workbook has been developed using the Pearson Progression Map and Scale for French.

To find out more about the Progression Scale for French and to see how it relates to indicative GCSE 9–1 grades go to www.pearsonschools.co.uk/ProgressionServices

Helping you to formulate grade predictions, apply interventions and track progress.

Any reference to indicative grades in the Pearson Target Workbooks and Pearson Progression Services is not to be used as an accurate indicator of how a student will be awarded a grade for their GCSE exams.

You have told us that mapping the Steps from the Pearson Progression Maps to indicative grades will make it simpler for you to accumulate the evidence to formulate your own grade predictions, apply any interventions and track student progress. We're really excited about this work and its potential for helping teachers and students. It is, however, important to understand that this mapping is for guidance only to support teachers' own predictions of progress and is not an accurate predictor of grades.

Our Pearson Progression Scale is criterion referenced. If a student can perform a task or demonstrate a skill, we say they are working at a certain Step according to the criteria. Teachers can mark assessments and issue results with reference to these criteria which do not depend on the wider cohort in any given year. For GCSE exams however, all Awarding Organisations set the grade boundaries with reference to the strength of the cohort in any given year. For more information about how this works please visit: https://qualifications.pearson.com/en/support/support-topics/results-certification/understanding-marks-and-grades.html/Teacher

Contents

1 Writing interesting descriptions
- Get started — 1
1. How do I add interest to my descriptions? — 3
2. How do I make my descriptions more compelling? — 4
3. How do I write descriptions more accurately? — 5
- Sample response — 6
- Your turn! — 7
- Review your skills — 8

2 Giving and explaining your opinions
- Get started — 9
1. How do I make my opinions relevant to the topic? — 11
2. How do I add detail to my opinions? — 12
3. How do I justify my opinions convincingly? — 13
- Sample response — 14
- Your turn! — 15
- Review your skills — 16

3 Making your meaning clear
- Get started — 17
1. How do I write clear sentences in French? — 19
2. How do I write natural-sounding French? — 20
3. How do I use the right style? — 21
- Sample response — 22
- Your turn! — 23
- Review your skills — 24

4 Writing effectively about the future
- Get started — 25
1. How do I use opportunities to write about the future? — 27
2. How do I vary references to the future for added interest? — 28
3. How do I make sure I use the near future tense correctly? — 29
- Sample response — 30
- Your turn! — 31
- Review your skills — 32

5 Writing effectively about the past
- Get started — 33
1. How do I use opportunities to write about the past? — 35
2. How do I vary references to the past for added interest? — 36
3. How do I make sure I use the perfect tense correctly? — 37
- Sample response — 38
- Your turn! — 39
- Review your skills — 40

6 Choosing and linking your ideas
- Get started — 41
1. How do I decide what I need to say? — 43
2. How do I organise my answer? — 44
3. How do I link my ideas logically? — 45
- Sample response — 46
- Your turn! — 47
- Review your skills — 48

7 Improving your accuracy
- Get started — 49
1. How do I write correct verb forms? — 51
2. How do I check agreements and key words? — 52
3. How do I improve my spelling? — 53
- Sample response — 54
- Your turn! — 55
- Review your skills — 56

8 Avoiding the pitfalls of translation
- Get started — 57
1. How do I avoid translating word for word? — 59
2. How do I avoid making errors with cognates and 'false friends'? — 60
3. How do I make sure my translation is accurate? — 61
- Sample response — 62
- Your turn! — 63
- Review your skills — 64

9 Using impressive language
- Get started — 65
1. How do I make sure I use interesting vocabulary? — 67
2. How do I use grammar to best effect? — 68
3. How do I create opportunities to use more complex language? — 69
- Sample response — 70
- Your turn! — 71
- Review your skills — 72

Answers — 73

Get started

1 Writing interesting descriptions

This unit will help you learn how to write interesting descriptions. The skills you will build are to:

- add interest to your descriptions
- make your descriptions more compelling
- write descriptions more accurately.

In the exam, you will be asked to tackle a writing task such as the one below. This unit will prepare you to plan and write your own response to this question.

The first part of the task asks you to write a description. (You will work on the second part, giving your opinion, in Unit 2.)

Exam-style question

Tu postes cette photo sur des réseaux sociaux pour tes amis.

Écris une description de la photo **et** exprime ton opinion sur les sorties en famille.

Écris 20–30 mots environ **en français**.

(12 marks)

The three key questions in the **skills boosts** will help you to improve your descriptions.

① How do I add interest to my descriptions?

② How do I make my descriptions more compelling?

③ How do I write descriptions more accurately?

Look at the sample student answers on the next page.

Unit 1 Writing interesting descriptions   1

Get started

To answer the picture-based exam question, you have to do two separate things: describe a photo and give an opinion.

1) The two answers below relate to the exam question on page 1. Read them, circle the description words and underline the opinion words.

A
> À droite, il y a deux enfants assis dans une voiture. Au milieu, la mère rit. À gauche, le père porte un ballon. J'aime les sorties en famille l'été, parce qu'il fait beau.

B
> C'est l'été et il fait beau. Une famille fait une sortie. Les enfants sont assis dans la voiture. Ils ont l'air* contents. Je n'aime pas sortir avec ma famille car je me dispute avec ma sœur.

*avoir l'air … – to appear …, to look …

2) You won't have time or space to write everything, but you can vary the **types** of information you give. Find different types of information in student answers A and B, and write them in the table (in French).

	Answer A	Answer B
Where?	à droite	
When?		
Weather?		
Who?		
What?		
Actions?		
Feelings?		

2   **Unit 1 Writing interesting descriptions**

Skills boost

1. How do I add interest to my descriptions?

When you write a description you can add interest by using precise and varied vocabulary.

1) Use the words in the box to fill the gaps in the sentences describing this photo.

| à côté   à droite   à gauche   assis   debout   dans   sur |

Sur la photo, on voit quatre jeunes .... un parc.

..............., il y a un groupe de trois jeunes.

Ils sont ...., ..., un garçon est .... un banc.

à côté (de)	next to
à droite (de)	on the right (of)
à gauche (de)	on the left (of)
en face (de)	opposite
devant	in front (of)
derrière	behind
entre	between
sous	under
en haut	at the top
en bas	at the bottom

2) To add interest, vary the information you give. The table gives some types of information you could put in a description of **any** photo. Use your imagination and jot down other examples in the right-hand column.

Types of information	Information	How to add interest	Examples
Where?	Il est à la maison.	Where exactly?	Il est dans la cuisine.
When?	C'est l'été.	What about other times of the year? Days? Times?	C'est le week-end. C'est le matin.
Weather?	Il fait beau.	Other weather expressions?	Il y a du soleil.
Who?	Elle porte un pull bleu.	Other items of clothing?	un gros manteau
	Il y a une femme.	Physical features?	grand(e)
What?	Il y a un chien.	Animals? Objects? Accessories?	Il y a des arbres.
Actions?	Il joue au foot. Elle fait du vélo.	Other actions?	Il court.
Feelings?	Elle a l'air contente. Il a l'air triste.	Other feelings?	Elle sourit.

3) Look again at the photo and sentences in **1**. On paper rewrite the sentences adding more information and ideas. Use the table in **2** to help you.

Unit 1 Writing interesting descriptions 3

Skills boost

2. How do I make my descriptions more compelling?

You can also add interest to your descriptions by:
- avoiding repetition
- listing information in threes ('tripling'), using the connectives **et** or **ou**
- using adverbs, comparatives and superlatives.

1 Read this description of the photo: it is correct but rather repetitive.

> Sur la photo, on voit deux filles. On voit trois garçons. On voit une fille blonde et une fille brune. On voit un skate park. On voit des arbres.

Now read the improved version below and use the phrases in the box to fill the gaps.

| c'est l'été | porte | derrière, il y a | mais | ils se promènent | et |

Sur la photo, on voit deux filles ………………………… trois garçons. La fille blonde a un tee-shirt rose ………………………… la fille brune ………………………… un blouson. …………………………, il fait beau et ………………………… dans un skate park. ………………………… des arbres.

2 Now have a go at 'tripling' (listing three details), using a connective. Describe the clothes they are wearing.

> C'est le printemps, l'été ou l'automne. Le garçon à gauche porte …………………………
>
> …………………………
>
> Le garçon à droite porte …………………………
>
> …………………………

3 You can use grammar to good effect too. Compare the two descriptions below. In the second one, find and circle Ⓐ:
- two adverbs
- an adjective in the comparative ('more …')
- an adjective in the superlative ('the most …').

> **Remember:**
> - French adverbs end in **-ment** or are words like **bien, très, assez**
> - comparative adjectives begin with **plus** or **moins**
> - superlative adjectives begin with **le/la/les plus …**

A
> C'est l'été. On voit trois garçons et deux filles. Ils ont l'air sportifs. Un garçon porte un tee-shirt vert. La fille à droite est petite.

B
> C'est probablement l'été. On voit trois garçons et deux filles et ils ont l'air assez sportifs. Le plus grand garçon porte un tee-shirt vert. La fille à droite est plus petite que les autres.

4 Now write on paper a short description of the photo of boys in a park, on page 3. Make it compelling by using some of the techniques you have learned on this page.

4 Unit 1 Writing interesting descriptions

How do I write descriptions more accurately?

Writing accurately means:
- being consistent and avoiding incoherence in what you say
- checking your text to avoid mistakes, especially on agreements (adjectives and verbs).

1 Can you spot what is wrong in the description below?

  a Underline (A) two things that don't correspond to the photo.

  b Circle (A) two things that don't make sense.

  > Quatre jeunes jouent au basket dans la salle de sport. Ils sourient et ne sont pas contents. La fille à droite lance* le ballon. Moi, je déteste le sport parce que c'est bon pour la santé.
  >
  > *is throwing*

2 The (female) student who wrote this description did not check her **adjectives**.

  a Circle (A) three mistakes of gender agreement (masculine/feminine).

  b Underline (A) five mistakes of number agreement (singular/plural).

  > Les filles sont **grand** et **mince** et les garçons sont **sportif** et **décontracté**. Ils sourient et ils sont tous **content**. Moi, je n'aime pas le sport parce que je suis un peu **paresseux** et **inactif**.

  Adjective endings

masculine	feminine
-t(s)	-te(s)
-d(s)	-de(s)
-u(s) or -i(s) or -é(s)	-ue(s) or -ie(s) or -ée(s)
-eux	-euse(s)
-if(s)	-ive(s)

  c Rewrite the text correctly. Use the notes on adjectives to help you.

  ....
  ....
  ....
  ....
  ....

3 Add the missing verbs to this description, using the correct endings.

  > Les quatre jeunes (s'entendre) .... bien. Ils (jouer) .... au basket ensemble. Une fille (lancer) .... le ballon. Moi, comme sport, je (faire) .... du ski et je (prendre) .... des cours de danse.

  Present tense verb endings

present tense	most verbs	except ...	
		-er verbs	-ndre verbs
je	-s (2 with x)	-e	-ds
tu	-s (2 with x)	-es	-ds
il / elle / on	-t	-e	-d
nous	-ons		
vous	-ez		
ils / elles	-ent (4 with ont)		

4 Your turn to describe the photo above, on paper. Be careful to avoid the mistakes the others made!

Unit 1 Writing interesting descriptions

Sample response

This is a picture-based task of the type you will have to do in the exam. Read the two answers below.

Exam-style question

Tu postes cette photo sur ton réseau social.

Écris une description de la photo **et** exprime ton opinion sur la famille.

Écris 20–30 mots environ **en français**.

(12 marks)

A
La fille est chez ses grands-parents, dans le salon, entre ses grands-parents. Elle est contente de voir ses grands-parents. Ils sont contents aussi. Pour moi, la famille, c'est très important.

B
On voit une fille vraiment souriante. Elle est avec ses grands-parents sur un canapé et ils ont l'air heureux. Pour moi, ma famille est moins importante que mes copains.

1 Complete the table to help you compare the answers.

Which answer ...	A	B	How is this done? (note the French words used)
uses precise and varied vocabulary?			
avoids repetition?			
uses connectives?			
uses adverbs?			
uses comparatives or superlatives?			
avoids inconsistency?			
writes accurately (verbs, adjectives)?			

2 Use the student notes below to write another description of the photo. Use the table in **1** to guide you.

grandparents + granddaughter / on the sofa in the sitting room / seem really kind and happy / family = important for me

....
....
....
....

Unit 1 Writing interesting descriptions

Get back on track

Your turn!

You are now going to plan and write your response to this exam-style question.

Exam-style question

Tu postes cette photo sur ton réseau social.

Écris une description de la photo **et** exprime ton opinion sur l'amitié.

Écris 20–30 mots environ **en français**.

(12 marks)

1 a For the first part of the question, write some useful vocabulary in French about the photo. Remember to be relevant and consistent.

Who? ....

Where? ....

When? ....

Weather? ....

What? ....

Action? ....

Feeling? ....

b For the second part of the question, write your opinion on the theme of friendship in French.

....

....

....

....

2 Use your most suitable ideas to answer the question, in about 20–30 words. Once you have finished, read through your answers using the checklist.

Checklist	✓
In my answer do I …	
use precise and varied vocabulary?	
avoid repetition?	
use connectives?	
use adverbs?	
use comparatives / superlatives?	
avoid inconsistency?	
write accurately (verbs, adjectives)?	

Unit 1 Writing interesting descriptions **7**

Get back on track

Review your skills

Check up

Review your response to the exam-style question on page 7. Tick ✓ the column to show how well you think you have done each of the following.

	Not quite ✓	Nearly there ✓	Got it! ✓
made descriptions more interesting	☐	☐	☐
made descriptions more compelling	☐	☐	☐
written descriptions more accurately	☐	☐	☐

Need more practice?

On paper, plan and write ✎ your response to the exam-style question below.

Exam-style question

Tu postes cette photo sur ton réseau social.

Écris une description de la photo **et** exprime ton opinion sur l'amitié.

Écris 20–30 mots environ **en français**.

(12 marks)

To write a good answer in the picture-based task you need to include:
- a **relevant** description, with **extra detail** if possible
- sentences that are **linked together**
- as **little repetition** as possible
- accurate use of the **present tense** and **adjectives**
- an **opinion**.

How confident do you feel about each of these **skills**? Colour ✎ in the bars.

1. How do I add interest to my descriptions?
2. How do I make my descriptions more compelling?
3. How do I write descriptions more accurately?

8　**Unit 1 Writing interesting descriptions**

Get started

② Giving and explaining your opinions

This unit will help you learn how to give convincing opinions. The skills you will build are to:
- make your opinions relevant to the topic
- add detail to your opinions
- justify your opinions.

In the exam, you will be asked to tackle writing tasks such as the two below. This unit will prepare you to plan and write your own responses to these questions. As part of these tasks, you have to give opinions.

Exam-style question

Le sport et vous

Vous voulez faire un stage dans l'association *Sport-Ados*.

Envoyez un message à l'association avec les informations suivantes:
- votre sport préféré
- où et quand vous en faites
- vos activités sportives le week-end prochain
- pourquoi vous aimez ce sport.

Il faut écrire en phrases complètes.

Écrivez 40–50 mots environ **en français**. (16 marks)

Exam-style question

La technologie et toi

Tu communiques sur les réseaux sociaux avec tes amis français.

Écris un message. Tu **dois** faire référence aux points suivants:
- ce que tu fais en général avec ton portable
- tes meilleurs moments en ligne cette semaine
- ce que tu vas faire en ligne ce week-end
- ce qui peut être dangereux en ligne.

Écris 80–90 mots environ **en français**. (20 marks)

The three key questions in the **skills boosts** will help you to improve how you express your opinions.

❶ How do I make my opinions relevant to the topic? ❷ How do I add detail to my opinions? ❸ How do I justify my opinions convincingly?

Look at the sample student answers on the next page.

Unit 2 Giving and explaining your opinions

Get started

1 Look at one student's answer to the first question on page 9.

a Has he covered all the bullets in the question? Tick ✓ each bullet that is answered and underline Ⓐ the relevant words and phrases in the answer.

Exam style question

- votre sport préféré
- où et quand vous en faites
- vos activités sportives le week-end prochain
- pourquoi vous aimez ce sport.

Monsieur/Madame,

Mon sport préféré, c'est le tennis. Je vais au club de tennis de ma ville le mercredi et le samedi. L'année dernière, j'ai gagné cinq compétitions. Samedi prochain, je vais préparer une autre compétition. J'aime beaucoup ce sport parce que ça me détend. En plus, c'est excellent pour la santé.

Cordialement

Josh Evans

---

b Now focus on the writer's opinions. Circle Ⓐ the words that express opinions.

c What two reasons does he give to justify liking sport so much? Answer in English.

+

2 Look at another student's answer to the second question on page 9, about the use of technology.

J'ai souvent mon portable avec moi. Je tchatte sur les réseaux sociaux, j'écris un blog et je crée des playlists parce que j'adore le RnB. Cette semaine, j'ai écrit un article sur Rihanna. C'était super parce que j'ai reçu beaucoup de réactions. Ce week-end, je vais répondre aux messages. Bien sûr, c'est dangereux de parler avec des inconnus donc je ne partage pas mes infos perso. Aussi, pour moi, c'est important de faire du sport, parce que j'oublie mes soucis. Quand je fais du footing, je laisse le portable chez moi.

---

a Tick ✓ the things she says she does on her phone:

| write a blog | | take photos | | reply to messages | |
| chat on social networks | | blog about sport | | create playlists | |

b Circle Ⓐ in the answer the words that express her opinions. In the table below, write her opinions and how she justifies them. Write in English.

activity	opinion	justification
RnB		
writing on her blog		
talking with strangers online		
doing sport		

Unit 2 Giving and explaining your opinions

Skills boost

1. How do I make my opinions relevant to the topic?

C'est super and *C'est nul* are opinions that could apply to almost any topic.
To make your writing more interesting, find **more precise adjectives** to express your opinions.

1 Write ✏️ these adjectives for expressing positive opinions into the most appropriate category in the table. Some can fit in more than one category.

> amusant   bien   bon   chouette   cool   délicieux   divertissant   éducatif
> excellent   fantastique   génial   impressionnant   intéressant
> marrant   original   passionnant   super   sympa

> When you have to write your opinion, think about the **topic** (food, leisure activities, outings, …) and about the adjectives you know that will best fit that topic.

any topic	food	sport	music	books, magazines

2 Do the same thing ✏️ with these adjectives for negative opinions.

> barbant   bébé   dégoûtant   ennuyeux   horrible   idiot   lamentable
> mauvais   nul   pénible   trop sérieux

any topic	food	sport	music	books, magazines

3 Fill ✏️ the gaps with adjectives that are as precise and interesting as possible.

> Le week-end, je fais souvent des crêpes. C'est .... En général, mon copain prépare des sandwichs. C'est toujours la même chose, c'est ....!
>
> J'écoute de la musique, mais pas du rap. Le rap, c'est .... Je préfère la techno, c'est ....
>
> Quand notre équipe de foot gagne, c'est ...., mais quand elle joue mal, c'est ....
>
> Le soir, je lis des romans policiers, c'est ...., et aussi des BD, c'est ....
>
> Mon copain préfère les magazines sur les voitures, mais pas moi. C'est vraiment ....!

Unit 2 Giving and explaining your opinions   11

Skills boost

2. How do I add detail to my opinions?

Expand the ways you give opinions by:
- using varied phrases, not just *j'aime* and *je n'aime pas*
- giving opinions about events in the past too.

1 a Read these opinions about TV and cinema. Underline (A) the phrases that introduce a positive opinion and circle (A) the phrases that introduce a negative opinion.

> <u>Je suis fan d'écrans!</u> J'ai une passion pour les documentaires à la télé. J'aime bien les émissions sur les animaux, mais je préfère les magazines sur la mer et les bateaux. Ma passion, c'est les grands voiliers et mon émission préférée, c'est 'Thalassa'. Je trouve ça éducatif et original. Par contre, j'ai horreur des émissions de télé-réalité sur les îles 'désertes'! Je trouve ça idiot.
>
> J'aime aussi aller au cinéma. J'apprécie beaucoup le grand écran pour les films d'action ou les films d'aventure. C'est mieux que la télé ou la tablette.

b What expression can be used to introduce both positive and negative opinions?

....

When you write about **past** events, a simple way to state an opinion is to use *C'était* and an adjective.

> Je suis allé au cinéma avec mon copain. **C'était sympa.** Par contre, je n'ai pas aimé la musique du film. **C'était horrible.**

2 Complete ✎ these sentences with opinions of your choice. Use *C'est ...* to comment on something in the present, or *C'était ...* to comment on a past event.

> J'adore les films d'animation. .... Hier, j'ai regardé le dernier film de Pixar. ....
>
> Normalement, j'aime aussi les films fantastiques. .... Par contre, j'ai vu 'La planète des zombies', et je ne l'ai pas aimé. .... J'ai trouvé les effets spéciaux très mauvais. ....
>
> Après, j'ai téléchargé un vieux film de Disney et j'ai beaucoup ri. ....
>
> J'ai aussi apprécié la musique du film. ....

3 Write on paper ✎ about your likes and dislikes on television or at the cinema. Write two paragraphs, one with positive opinions and the other negative. Mention something you've seen in the past. Use as many phrases from pages 11 and 12 as you can. Try not to repeat any adjective!

12   Unit 2 Giving and explaining your opinions

Skills boost

3 How do I justify my opinions convincingly?

Your opinions will sound more convincing if:
- you reinforce them by using qualifiers and adverbs
- you justify them by using *parce que ...* or *car ...* and by giving examples.

1 Read this text about recent outings with friends. Circle Ⓐ the qualifiers and adverbs that are used to make the opinions more convincing.

Samedi, je suis sorti avec ma bande. On aime bien le centre aquatique, mais malheureusement, l'entrée coûte 12 euros. C'était trop cher pour nous, alors on est allés à la patinoire. Pour moi, c'était la première fois et j'ai trouvé ça vraiment super. Ce n'était pas très difficile, mais je suis souvent tombé. C'était assez marrant.

Qualifiers and adverbs to reinforce your opinions:
assez	quite, rather
beaucoup	a lot
malheureusement	unfortunately
moins	less
plus	more
très	very
trop	too
un peu	a bit, a little
vraiment	really

2 Add ✏️ appropriate qualifiers and adverbs to fill the gaps in these opinions.

Le week-end dernier, j'ai fait une balade en forêt avec mes copines. C'était _____ une bonne journée. On a mis nos vélos dans le train, c'était _____ rapide. On a fait un pique-nique. Il a _____ plu, _____, alors on a mangé dans la gare et on a _____ ri. C'était _____ fatigant, mais _____ amusant.

3 In the longer exam question (80–90 words), try justifying your opinion by giving a reason. You can introduce that reason with *parce que* or *car* and add an example with *par exemple*.

Link up ✏️ these opinions, reasons and examples in ways that make sense.

opinions

a. Je n'aime pas aller au cinéma
b. L'émission *Le Meilleur pâtissier*, c'est original
c. J'ai horreur d'aller au Burger Bar avec mes copains,
d. Ma sortie préférée, c'est le skate park avec mes amis,

reasons

- parce que c'est très amusant.
- parce qu'on mange mal.
- car les participants ne sont pas professionnels.
- car c'est très cher.

- Les frites, par exemple, c'est dégoûtant.
- Mon copain Mo, par exemple, est vraiment marrant avec sa planche.
- À l'Odeon, par exemple, ça coûte 15 livres.
- Ils sont profs ou jardiniers, par exemple, mais les gâteaux sont excellents.

4 Complete ✏️ the sentences on paper with a reason and an example of your own choice.

a. Le dimanche, j'aime bien sortir avec mon copain Sam ...
b. J'adore aller au club de foot le week-end ...

Unit 2 Giving and explaining your opinions 13

Get back on track

Sample response

To write convincing opinions, you need to:
- make your opinions relevant to the topic by using precise adjectives as well as more general ones
- add detail with varied phrases and *c'était* + adjective when writing about the past
- reinforce your message by using qualifiers and adverbs, by giving reasons and by adding examples.

Now look at these exam-style questions and read the two responses.

Exam-style question

Télé et cinéma

Vous répondez à un sondage sur la télé et le cinéma.

Écrivez une réponse avec les informations suivantes:
- votre genre de film préféré
- comment vous regardez ces films
- pourquoi vous les aimez
- un film que vous allez bientôt voir.

Il faut écrire en phrases complètes.

Écrivez 40–50 mots environ **en français**. (16 marks)

A
> Mon genre de film préféré, c'est la science-fiction. Je regarde les films au cinéma ou sur ma tablette. Malheureusement, les places de cinéma coûtent cher! Hier, j'ai vu 'Galaxy' et j'ai adoré. C'était vraiment impressionnant, surtout les effets spéciaux. Dimanche, je vais voir le nouveau 'Star Wars'.

Exam-style question

Entre copains

Tu communiques sur les réseaux sociaux avec tes amis français.

Écris un message. Tu **dois** faire référence aux points suivants:
- ce que tu as fait le week-end dernier avec tes copains
- ce que tu penses de ta dernière sortie
- ce que tu fais avec tes copains quand vous ne sortez pas
- ta prochaine sortie.

Écris 80–90 mots environ **en français**. (20 marks)

B
> Je me passionne pour la techno et la semaine dernière, je suis allé à un concert de Scan X avec mes copains Kris et Poppy. C'était vraiment excellent. Malheureusement, je ne vais pas souvent à des concerts car ça coûte très cher. Samedi, par exemple, c'était 30 livres par personne. Quelquefois, mes copains viennent chez moi et on regarde des films d'aventure. Par exemple, je suis fan de 'Pirates des Caraïbes'. C'est moins cher que les concerts et c'est aussi divertissant. Samedi prochain, on va écouter de la techno au club de jeunes.

1. Look at answers **A** and **B**.

   Underline (A) the adjectives (e.g. *préféré*) and circle (A) the qualifiers and adverbs (e.g. *malheureusement*). Use three different highlighter pens to mark the phrases that give an opinion, a reason and an example.

Get back on track

Your turn!

Choose one of the two exam-style questions you saw on page 9.

Exam-style question

Le sport et vous

Vous voulez faire un stage dans l'association *Sport-Ados*.

Envoyez un message à l'association …

Exam-style question

La technologie et toi

Tu communiques sur les réseaux sociaux avec tes amis français.

Écris un message.

1. First jot down your ideas for the four bullets, thinking of things you know you can say in French. Look through this unit for ideas and useful words and add them to your notes.

   - ....
   - ....
   - ....
   - ....

2. Write your answer. Then check your work with the checklist.

Checklist	✓
In my answer do I …	
answer all the bullet points?	
use precise adjectives, not just *super* or *nul*?	
use varied opinion phrases, not just *j'aime* and *je n'aime pas*?	
give opinions about events in the past?	
reinforce my opinions with qualifiers and adverbs?	(extended writing task only)
justify my opinions with reasons?	
give examples?	

If you want more practice, tackle the other exam-style question above, on paper.

Unit 2 Giving and explaining your opinions   15

Get back on track

Review your skills

Check up

Review your response to the exam-style question on page 15. Tick ✓ the column to show how well you think you have done each of the following.

	Not quite ✓	Nearly there ✓	Got it! ✓
made opinions relevant to the topic	☐	☐	☐
added detail to opinions	☐	☐	☐
justified opinions	☐	☐	☐

Need more practice?

On paper, plan and write ✐ your responses to the exam-style questions below.

Exam-style question

La télé et vous

Vous répondez à un sondage sur les jeunes et la télévision.

Écrivez une réponse avec les informations suivantes:
- combien de temps vous passez devant la télévision
- votre émission préférée
- pourquoi vous aimez cette émission
- ce que vous allez regarder ce soir.

Il faut écrire en phrases complètes.

Écrivez 40–50 mots environ **en français**. (16 marks)

Exam-style question

Tes sorties avec tes amis

Tu communiques sur les réseaux sociaux avec tes amis français.

Écris un message. Tu **dois** faire référence aux points suivants:
- avec qui tu sors en général
- où vous allez
- une sortie récente
- votre prochaine sortie.

Écris 80–90 mots environ **en français**. (20 marks)

How confident do you feel about each of these **skills**? Colour ✐ in the bars.

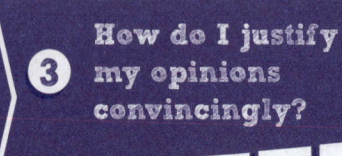

1. How do I make my opinions relevant to the topic?
2. How do I add detail to my opinions?
3. How do I justify my opinions convincingly?

Unit 2 Giving and explaining your opinions

Get started

③ Making your meaning clear

This unit will help you learn how to make your meaning clear. The skills you will build are to:
- write clear sentences
- write natural-sounding French
- use the right style.

In the exam, you will be asked to tackle writing tasks such as the two below. This unit will prepare you to plan and write your own responses to these questions.

Exam-style question

Échange

Vous voulez faire un échange avec un collégien français.

L'organisme d'échange *Séjours linguistiques* pose des questions sur vos activités habituelles.

Envoyez un message à *Séjours linguistiques* avec les informations suivantes:
- comment vous allez au collège le matin
- les vêtements que vous portez au collège
- où vous déjeunez pendant la semaine
- ce que vous allez faire ce week-end.

Il faut écrire en phrases complètes.

Écrivez 40–50 mots environ **en français**. (16 marks)

Exam-style question

Les fêtes et toi

Tu communiques sur les réseaux sociaux avec ton ami français Victor.

Écris un message. Tu **dois** faire référence aux points suivants:
- ta fête préférée
- ce qu'on mange pour cette fête
- un mariage où tu es allé(e)
- comment tu vas célébrer ton prochain anniversaire.

Écris 80–90 mots environ **en français**. (20 marks)

The three key questions in the **skills boosts** will help you to make your meaning clear.

① How do I write clear sentences in French?   ② How do I write natural-sounding French?   ③ How do I use the right style?

Look at the sample student answers on the next page.

Unit 3 Making your meaning clear   17

Get started

Read one student's answer to the first question on page 17.

Exam-style question
- comment vous allez au collège le matin
- les vêtements que vous portez au collège
- où vous déjeunez pendant la semaine
- ce que vous allez faire ce week-end.

Monsieur, Madame

Je vais au collège en bus. Il passe près de chez moi, c'est pratique quand il fait froid.
On doit porter un uniforme mais je peux mettre une jupe ou un pantalon.
Depuis septembre, je mange à la cantine, sauf le samedi car je n'ai pas cours.
Ce week-end, je vais retrouver mes amis et travailler.
Cordialement
Beth Johnson

---

1 The answer above gives two details for each bullet point. Find them and fill in the table, in English.

	detail 1	detail 2
transport to school	by bus	
clothes at school		
midday meal		
plans for weekend		

2 Now read this response to the bullet points from the second question on page 17, about festivals. Answer the questions below.

Salut Victor!
Ma fête préférée, c'est Pâques, parce qu'il fait beau et on peut faire de grandes promenades. Ma mère prépare un super bon déjeuner et en plus, on mange plein de chocolat. J'adore ça! L'année dernière, je suis allé au mariage de ma tante. On a beaucoup dansé. Mon père a chanté mais c'était embarrassant parce qu'il chante très mal. L'été prochain, je vais avoir 16 ans et je vais organiser une fête avec mes copains. On va bien rigoler. Tu peux venir? C'est quand, tes vacances?
À plus.
Sam

Who … ?

a enjoys long walks at Easter everyone including Sam
b prepares a really nice lunch ....
c eats lots of chocolate ....
d loves chocolate ....
e got married last year ....
f danced a lot ....
g sang ....
h cannot sing well ....
i is going to turn 16 ....
j is planning a birthday celebration ....
k will have a good laugh ....
l is invited to the party ....

18 **Unit 3 Making your meaning clear**

Skills boost

1 How do I write clear sentences in French?

Take time to check your writing and make sure that what you mean to say is clear to the reader. In particular:
- check that the verbs match their subject pronouns (e.g. *je, il, elle, nous, ils, elles*)
- be clear about the meaning of modal verbs (*pouvoir, devoir*)
- check that past and future verb forms are accurate.

1 Fill the gaps with a logical subject pronoun and verb, using the verb given in brackets at the end.

a) Ma grand-mère a 80 ans aujourd'hui. __Elle__ __vient__ chez nous ce soir. (*venir*)

b) Mes parents et moi, _____ _____ Noël ensemble. (*préparer*)

c) Louis et Paul font une salade de fruits. _____ _____ des fraises et des kiwis. (*prendre*)

d) Je mange un sandwich parce que _____ _____ faim. (*avoir*)

e) Mon père n'aime pas les gâteaux, mais _____ _____ la bûche au chocolat. (*adorer*)

f) Après les cours, mes copains et moi, _____ _____ souvent à la plage. (*aller*)

2 You use *pouvoir* to say what **can** be done, and *devoir* to say what **must** be done.

Match the halves to make full sentences that make sense.

A On doit aller	a mes parents insistent!
B Je dois me lever	b un uniforme: c'est obligatoire.
C À midi, on peut déjeuner à la cantine	c me lever tard.
D Le week-end, je peux	d le mercredi après-midi.
E Au collège, on doit porter	e un jean et des baskets en classe.
F Je peux faire mes devoirs	f ou apporter des sandwichs.
G Le samedi matin, je dois aider à la maison:	g au collège du lundi au samedi.
H En France, on peut mettre	h tôt pour prendre le bus à 8 heures.

3 Circle the correct option and mark if each sentence is about the past (P) or future (F).

a) Hier, pour le 14 juillet, on **va sorti** / **est sortis** / **a sorti** le soir.

b) Demain, on **va regarder** / **a regarder** / **va regardé** le feu d'artifice.

c) Samedi dernier, mon père **ai fait** / **a fait** / **va fait** un bon repas.

d) Après-demain, je **suis ranger** / **vais ranger** / **ai ranger** ma chambre.

> Using correct verb forms will make it clear whether you're writing about the past or the future.
>
> | | most verbs | verbs of movement |
> |---|---|---|
> | past (perfect tense) | avoir + past participle e.g. *j'ai dansé* | être + past participle e.g. *elle est sortie* |
> | future (near future tense) | aller + infinitive e.g. *elle va danser, ils vont sortir* | |

Unit 3 Making your meaning clear 19

Skills boost

2 How do I write natural-sounding French?

French isn't a mirror image of English. The two languages have different ways of talking about things like the weather, how old you are, how long you have been doing something, and so on.

Learn to recognise where those differences apply and use the correct French phrases to make your meaning clear.

1 a For the subjects and areas listed below, French and English express things differently. Draw lines to link each one to an example.

To help you with these differences, write down vocabulary in phrases when learning and revising vocabulary.

b Then translate the examples into English.

c Explain what you think is the main difference between the English and the French ways.

subject or area	example	translation	comments
weather	Aujourd'hui, je prépare un gâteau pour mon anniversaire.		
age	J'adore les baskets de ma sœur mais je déteste son sweat bleu.		
other phrases with *avoir*	Depuis janvier, je vais au collège à pied.		
how long, since when	Je vais chez mon copain et puis je rentre chez moi.		
at/to someone's house	Il fait chaud.	It's hot.	English uses 'is' (verb: to be), but French uses 'fait' (verb: faire)
word order	J'ai 15 ans.		
action in the present	J'ai faim. J'ai froid.		

20   Unit 3 Making your meaning clear

Skills boost

3 How do I use the right style?

You don't write in the same way to friends and relatives as you would to adults outside the family.
In French, the main differences between informal and formal styles (also called 'registers') are:
- the choice of vocabulary, for example *les copains* (informal) instead of *les amis* (formal)
- the use of *tu/toi/ton/tes* instead of *vous/votre/vos*
- signing with just your first name or with your full name.

1 Here are the two sample answers from page 18 again. In the exam, you have to use the formal style for the shorter writing task, and the informal style for the longer writing task. Circle Ⓐ examples of appropriate style in these questions and answers.

Exam-style question

Échange

Vous voulez faire un échange avec un collégien français.

L'organisme d'échange *Séjours linguistiques* pose des questions sur vos activités habituelles.

Monsieur, Madame

Je vais au collège en bus. Il passe près de chez moi, c'est pratique quand il fait froid.

On doit porter un uniforme mais je peux mettre une jupe ou un pantalon.

Depuis septembre, je mange à la cantine, sauf le samedi car je n'ai pas cours.

Ce week-end, je vais retrouver mes amis et travailler.

Cordialement

Beth Johnson

Exam-style question

Les fêtes et toi

Tu communiques sur les réseaux sociaux avec ton ami français, Victor.

Salut Victor!

Ma fête préférée, c'est Pâques, parce qu'il fait beau et on peut faire de grandes promenades. Ma mère prépare un super bon déjeuner et en plus, on mange plein de chocolat. J'adore ça! L'année dernière, je suis allé au mariage de ma tante. On a beaucoup dansé. Mon père a chanté mais c'était embarrassant parce qu'il chante très mal. L'été prochain, je vais avoir 16 ans et je vais organiser une fête avec mes copains. On va bien rigoler. Tu peux venir? C'est quand, tes vacances?

À plus.

Sam

2 Circle and link ✎ these phrases in pairs, one formal and one informal.

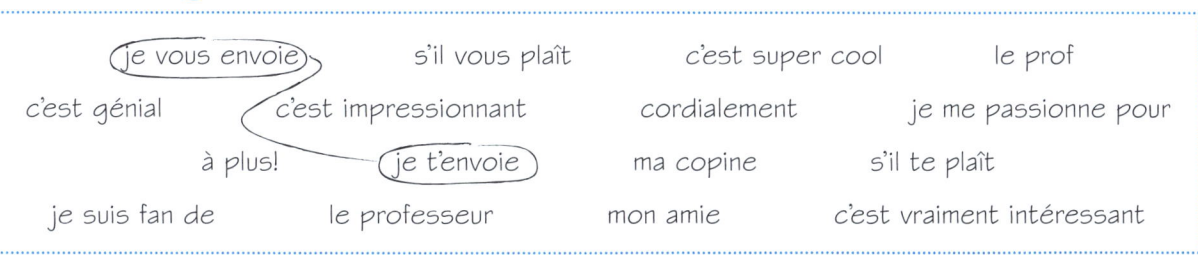

(je vous envoie)	s'il vous plaît	c'est super cool	le prof
c'est génial	c'est impressionnant	cordialement	je me passionne pour
à plus!	(je t'envoie)	ma copine	s'il te plaît
je suis fan de	le professeur	mon amie	c'est vraiment intéressant

Unit 3 Making your meaning clear 21

Sample response

Get back on track

To make your meaning clear, you need to:
- write clear sentences by checking things like subject pronouns and verb forms
- write natural-sounding French, not a mirror image of English
- use the right style, formal or informal, for your audience.

Now look at two more exam-style questions and sample answers.

Exam-style question

Une fête au collège

Vous faites un échange dans un collège en France. Vous aidez à organiser un pique-nique de classe.

Écrivez un e-mail au professeur et expliquez:
- ce que les élèves voudraient boire et manger
- comment vous allez faire les courses
- où vous faites le pique-nique
- pourquoi vous aimez cet endroit.

Il faut écrire en phrases complètes.

Écrivez 40–50 mots environ **en français**.

(16 marks)

Madame,
Pour le pique-nique de la classe, on voudrait acheter des sandwichs, des fruits, des gâteaux et de la limonade. Demain, je vais faire les courses avec Mouna parce que nous n'avons pas cours. Le meilleur endroit, c'est le terrain de sport, parce qu'on peut manger sur l'herbe quand il fait beau.
Cordialement
Olivia Taylor

Exam-style question

Un anniversaire

Tu es allé(e) à l'anniversaire d'un copain/une copine.

Écris un message à tes amis français sur les réseaux sociaux. Tu **dois** faire référence aux points suivants:
- depuis quand tu connais ce copain/cette copine
- ce que tu as aimé dans cette fête
- ce que vous avez mangé
- ce que tu vas faire pour <u>ton</u> anniversaire.

Écris 80–90 mots environ **en français**. (20 marks)

Salut!
Je connais Harrison depuis deux ans. Pour ses 16 ans, il a fait une fête chez lui et c'était génial. Son père a préparé un barbecue dans le jardin mais il a plu, alors on a mangé sous les parapluies. C'était plus original que dans la maison! Il y avait des burgers et un gâteau au chocolat.
Mon anniversaire est en janvier, donc je ne peux pas faire de barbecue parce qu'il fait froid! Je vais nettoyer le garage et inviter mes copains. On va écouter de la musique et manger des pizzas. Super!
Jamie

---

1 Note examples of the following in the two answers.

Subject pronoun + verb in the past: *il a fait* ....

Subject pronoun + verb in the future: *je vais faire les courses* ....

Present tense + *depuis*: ....

Modal verb (*devoir, pouvoir*) + infinitive: ....

Subject pronoun *on*: ....

Word order that is different from English: ....

Formal style: ....   Informal style: ....

Unit 3 Making your meaning clear

Get back on track

Your turn!

You are now going to plan your response to both of these exam-style questions from page 17.

Exam-style question

Échange

Vous voulez faire un échange avec un collégien français.

L'organisme d'échange *Séjours linguistiques* pose des questions sur vos activités habituelles.

Envoyez un message à *Séjours linguistiques* …

Exam-style question

Les fêtes et toi

Tu communiques sur les réseaux sociaux avec ton ami français Victor.

Écris un message.

1. First jot down your ideas, using things you know you can write in French.

   Échange
   - how you go to school in the morning:
   ....
   - what you can wear / have to wear at school:
   ....
   - where you get your lunch during the week:
   ....
   - your plans for the weekend:
   ....

   Les fêtes et toi
   - your favourite special occasion:
   ....
   - what's normally eaten on that occasion:
   ....
   - a wedding you've been to:
   ....
   - how you'd like to celebrate your next birthday:
   ....

2. Write your answer to one of the questions above. Then check your work with the checklist.

Checklist	✓
In my answer do I …	
answer all the bullet points?	
check that personal pronouns and verb forms clearly match?	
use *je peux* or *je dois* correctly?	
check that past and future verb forms are clear and correct?	
identify where things are said differently in French and in English?	
use the right style ('register') – formal in the short writing task, informal in the longer one?	

Unit 3 Making your meaning clear 23

Get back on track

Review your skills

Check up

Review your response to the exam-style questions on page 23. Tick ✓ the column to show how well you think you have done each of the following.

	Not quite ✓	Nearly there ✓	Got it! ✓
written clear sentences	☐	☐	☐
written natural-sounding French	☐	☐	☐
used the right style	☐	☐	☐

Need more practice?

On paper, plan and write ✏ your response to the exam-style questions below.

Exam-style question

Un repas en famille au restaurant

Vous voyez un sondage en ligne sur les repas en famille au restaurant.

Écrivez une réponse avec les informations suivantes:
- à quelle(s) occasion(s) vous allez au restaurant en famille
- quels restaurants vous choisissez en général
- ce que vous aimez manger au restaurant
- votre prochain repas en famille au restaurant.

Il faut écrire en phrases complètes.

Écrivez 40–50 mots environ **en français**.

> To write a good answer, try to include:
> - relevant information
> - accurate use of grammar such as verb forms
> - correct use of style and register.

(16 marks)

Exam-style question

Ta vie quotidienne

Tu communiques sur les réseaux sociaux avec tes amis français.

Écris un message sur ta vie quotidienne. Tu **dois** faire référence aux points suivants:
- comment tu vas au collège
- ce que tu fais habituellement le week-end
- ce que tu as fait dimanche dernier
- le prochain repas que tu vas préparer.

Écris 80–90 mots environ **en français**.

(20 marks)

How confident do you feel about each of these **skills**? Colour ✏ in the bars.

① How do I write clear sentences in French?

② How do I write natural-sounding French?

③ How do I use the right style?

Unit 3 Making your meaning clear

Get started

④ Writing effectively about the future

This unit will help you learn how to write effectively about the future. The skills you will build are to:

- use opportunities to write about the future
- vary references to the future for added interest
- use the near future tense correctly.

In the exam, you will be asked to tackle writing tasks such as the two below. This unit will prepare you to plan and write your own responses to these questions. Each question has one bullet point that asks you to write about something in the future.

Exam-style question

Une semaine dans ma région

Votre classe propose de faire un échange avec une classe d'un collège français.

Écrivez à leur professeur avec les informations suivantes:
- où est votre ville
- comment est votre région
- le temps qu'il fait en été
- vos projets de sortie.

Il faut écrire en phrases complètes.

Écrivez 40–50 mots environ **en français**. (16 marks)

Exam-style question

Ma ville

Écris un e-mail sur ta ville à ton correspondant/ta correspondante.

Tu **dois** faire référence aux points suivants:
- ce qu'il y a à voir dans ta ville
- ce que tu as fait en ville le week-end dernier
- les côtés négatifs et positifs de ta ville
- ce que tu vas faire en ville le week-end prochain.

Écris 80–90 mots environ **en français**. (20 marks)

The three key questions in the **skills boosts** will help you to improve how to do this.

① How do I use opportunities to write about the future?
② How do I vary references to the future for added interest?
③ How do I make sure I use the near future tense correctly?

Look at the sample student answers on the next page.

Unit 4 Writing effectively about the future 25

Get started

1 Read one student's answer to the first exam-style question on page 25 and answer the questions that follow it.

> Monsieur,
> La ville de Herne Bay est dans le sud-est de l'Angleterre. La région est jolie: il y a la mer et la campagne. L'été, généralement, il y a du soleil mais parfois il pleut. Quand vous allez venir, nous allons visiter des villages et s'il fait beau, nous allons aller à la plage.
> Cordialement
> Kanika Khatri

a Where does the writer live? ....

b What is special about her region? ....

c What is the typical weather in her region in summer? ....

d What will they do if the weather is good? ....

2 Read the above answer again. Underline (A) all the present tense verbs.

Circle (A) the verbs in the near future tense (*aller* + infinitive).

3 Read another student's answer to the second exam-style question on page 25.

> Oxford est une ville super pour les touristes parce qu'il y a beaucoup d'attractions, comme l'université et les musées. Le week-end dernier, j'ai retrouvé des copains au cinéma. On a vu un film d'action.
> Les magasins sont sympa et les rues sont propres mais il y a trop de circulation au centre-ville. Avant, c'était moins pollué.
> Samedi prochain, mes copains et moi allons faire du kayak mais s'il pleut, on va visiter le musée Pitt Rivers. J'espère* qu'il va faire beau parce que j'ai déjà visité le musée cette année!
>
> *I hope

Tick ✓ to say if these statements are true or false.   true   false

a The writer thinks Oxford has a lot to offer to visitors.

b Last weekend he visited a museum.

c The positive aspects of the city are nice shops and clean streets.

d The town centre is going to be less polluted than it was before.

e The writer prefers kayaking to going to the museum.

f He's hoping to visit the museum this year.

4 Read the answer in **3** again. Circle (A) two expressions that introduce a reference to the future.

26   Unit 4 Writing effectively about the future

Skills boost

1 How do I use opportunities to write about the future?

Make sure you respond appropriately to a question that refers to the future. If you want to, you can add more references to the future when covering other bullets, but you don't have to. And remember, you can add an opinion.

1. First, make sure you identify the bullet points that **require** you to write about the future. Tick ✓ the bullets in this list that refer to the future.

   a. ce qu'il y a à faire dans ta ville
   b. ce que tu vas faire en ville dimanche prochain
   c. ce que tu as fait pendant ta dernière sortie
   d. ce qu'on peut visiter dans la région
   e. ce que tu as visité dans la région
   f. ce que tu vas visiter dans la région

2. Read four answers to this question: *Qu'est-ce que vous trouvez bien dans votre région?* Sentences **a–d** say something the student likes in their region, then **i–iv** add something they are **going to do**. Draw lines ✏ to link them up to make sense.

A Le Yorkshire, c'est top parce que la nature est très belle.	a Le week-end prochain, ma famille et moi allons faire du ski. Ça va être sympa.
B Dans ma région, il y a beaucoup de montagnes.	b Cette semaine, je vais visiter Stirling Castle avec ma classe. Ça va être intéressant.
C Ici, il y a des plages où on fait des sports nautiques.	c Pendant les vacances, je vais faire une randonnée avec mes amis. Ça va être super!
D En Écosse, il y a des terrains de golf et des châteaux fantastiques.	d L'été prochain, je vais faire du jet-ski. Ça va être cool!

3. Read sentences **i–iv** again and underline Ⓐ the phrases that introduce a reference to the future.

4. Here are other time phrases you may recognise. Fill in ✏ the vowels!

   a. d......m........n
   b. c.....t......t.....
   c. l'......nn............pr.....ch..........n.....
   d. .....pr......s-d.....m.........n
   e. c......w.........k-......nd
   f. l'......t........pr......ch..........n
   g. c......s..........r
   h. p......nd......nt......l......w..........k-......nd

   > Give your opinion about something in the future:
   > **Ça va être** + adjective (super, intéressant, sympa, cool, etc.)

5. On paper, invent ✏ other endings for sentences **a–d** in ②, using the phrases on this page and others you know. Add ✏ your opinion.

6. Write ✏ your own answer to the question in ②: *Qu'est-ce que vous trouvez bien dans votre région?*

....

....

Unit 4 Writing effectively about the future

Skills boost

2 How do I vary references to the future for added interest?

Giving an example of what you are planning to do is one way to introduce the future, but there are others. For instance:
- say what you're going to do **when something happens**
- say what you're going to do **according to the weather**
- say what **you hope** the weather will be like.

And remember, je is not the only subject pronoun you can use!

1 Read this email written to a penpal who's coming to stay.

  a Underline (A) all the verbs in the near future tense.

> Ma ville est géniale parce qu'il y a plein de choses à faire. Quand tu vas venir, s'il pleut, on va faire du shopping ou bien regarder un film au cinéma. S'il fait beau, nous allons nous baigner à la plage. J'espère qu'il va faire chaud tous les jours!

  b Read it again and circle (A) the phrases that introduce references to the future.

2 This student has written about what he wants to do next weekend. Fill in the gaps with *si* or *s'*, *quand* or *j'espère qu'*.

> Samedi, ... je vais finir mes devoirs et .... il fait beau, je vais aller au stade avec un copain mais .... il pleut, on va rentrer regarder un film. .... il va faire beau parce que je voudrais jouer au foot!
>
> Dimanche, ... j'ai le temps*, et .... mes parents sont d'accord, je vais aller en ville acheter un nouveau jeu vidéo. Ça va être super!

* I have the time

Remember:
- use a present tense after *si*
  s'il **fait** chaud
  si j'**ai** le temps
- use a future tense after *quand* and *j'espère que*
  quand je **vais finir**
  j'espère qu'il **va faire** chaud

3 Now it's your turn to make up sentences about possible activities next weekend.

Example: *S'il ne pleut pas, je vais faire du jogging.*

  a S'il fait beau, je ....

  b S'il ...., on ....

  c Si j'ai le temps, je ....

  d Si je ...., je ....

  e Quand il va faire beau, nous ....

  f Quand je ...., je ....

28 Unit 4 Writing effectively about the future

Skills boost

3 How do I make sure I use the near future tense correctly?

Some simple steps will help you use the near future tense correctly. Make sure you:
- know all the forms of *aller* in the present tense
- remember to use an infinitive after *aller*
- if it's a reflexive verb, include the pronoun *me, te, se,* etc. after *aller*.

1 Read this email written to a French penpal in which the writer gives details of the weekend they are going to spend camping. Fill the gaps with the correct forms of the verb *aller*.

Salut!

Quand tu .... venir, nous .... faire du camping dans les collines de la région. Ça .... être génial, les paysages sont beaux! S'il pleut, mes parents .... venir avec nous et nous .... partir en camping-car. Je .... préparer un sac à dos pour ma sœur et toi. Vous .... adorer camper. On ne .... pas s'ennuyer!

> The near future tense = *aller* + infinitive.
> Remember the extra pronoun for reflexive verbs.
>
> | je vais | (me) | |
> |---|---|---|
> | tu vas | (te) | |
> | il / elle va | (se) | + infinitive |
> | nous allons | (nous) | |
> | vous allez | (vous) | |
> | ils / elles vont | (se) | |
>
> Negative sentences:
> Il **ne** va **pas** faire beau.
> Je **ne** vais **pas** me promener.

2 This answer about plans for the summer has **nine** mistakes in the verb forms.

a Can you spot and circle them?

Cet été, je vais visité ma région avec deux copains. Ils va venir en train et nous allons parti à vélo. On vas camper près d'un lac. Le matin, je vais baigner, ça va être super! S'il fait beau, nous vons faire des randonnées à vélo. Après, nous allons détendre à la piscine du camping. On va bien amuser! S'il pleut, ça va ne pas être drôle.

b Rewrite the above answer correctly.

....
....
....
....
....

3 Now imagine you are going to take a French friend camping in your area. On paper, write an email to explain what you're going to do (about 50 words). Make sure you use the near future tense correctly!

Unit 4 Writing effectively about the future 29

Get back on track

Sample response

Here are two students' answers to the questions on page 25. Do they write effectively about the future?

A

Monsieur,
Ma ville, Pitlochry, est dans le centre de l'Écosse. La région et ses montagnes sont magnifiques. L'été, il ne fait pas chaud et parfois il pleut.
S'il pleut, on va visiter des châteaux. S'il fait beau, on va faire une promenade en bateau sur un lac. Ça va être intéressant!
Cordialement
Anya Wilson

B

Dans mon village, il n'y pas beaucoup de choses intéressantes, juste un château et un parc. Dimanche dernier, je suis allé au château avec mes amis. Ce n'était pas super. Ici, c'est ennuyeux; par contre, c'est calme et la nature est jolie.
Samedi prochain, je vais aller en ville avec des amis. Quand ils vont arriver, nous allons prendre le bus pour aller au stade voir un match de foot. J'espère qu'il ne va pas pleuvoir! Si on a le temps, on va manger une pizza au centre-ville. Ça va être sympa!

1 Find in the two answers examples of the things listed below. Note them in the table.

	A	B
use a time phrase to give an example of what you're going to do		samedi prochain
add an opinion about something in the future with *ça va être …*		
use *si* + present tense		
use *quand* + near future tense		
use *j'espère que* to say what you hope the weather will be like		
use a variety of subject pronouns		
use *aller* + infinitive correctly		
use *aller* + infinitive with a reflexive verb and/or a negative		

Get back on track

Your turn!

You are now going to plan your own response to both the exam-style questions from page 25.

Exam-style question

Une semaine dans ma région

Votre classe propose de faire un échange avec une classe dans un collège français.

Écrivez à leur professeur …

Exam-style question

Ma ville

Écris un e-mail sur ta ville à ton correspondant/ta correspondante.

1 First jot down your ideas for each bullet.

Une semaine dans ma région

- Where's your town?

  ....

- What's your region like?

  ....

- What's the weather like in summer?

  ....

- What outings are you planning?

  ....

Ma ville

- What is there to see in your town?

  ....

- What did you do in town last weekend?

  ....

- What are the negative and positive things about your town?

  ....

- What are you planning to do in town next weekend?

  ....

2 Answer one of the questions. Then check your work with the checklist.

Checklist	✓
In my answer do I …	
use a near future tense if a bullet point mentions the future?	
give an example of what I'm planning to do?	
use *si* + a present tense?	
use *quand* + a future tense?	
use a near future tense (*aller* + infinitive) correctly?	
use *aller* + infinitive with a reflexive verb?	
add an opinion about something in the future?	(extended writing task only)
use *j'espère que* to say what I hope the weather will be?	
use a variety of subject pronouns?	

Unit 4 Writing effectively about the future   31

Get back on track

Review your skills

Check up

Review your response to the exam-style questions on page 31. Tick ✓ the column to show how well you think you have done each of the following.

	Not quite ✓	Nearly there ✓	Got it! ✓
used opportunities to write about the future	☐	☐	☐
varied references to the future for added interest	☐	☐	☐
used the near future tense correctly	☐	☐	☐

Need more practice?

On paper, plan and write ✎ your response to the exam-style questions below.

Exam-style question

Un échange linguistique

Vous vous inscrivez à* un site web français d'échanges linguistiques. Écrivez un e-mail avec les informations suivantes:
- la ville où vous habitez
- comment est votre maison
- ce qu'il y a à faire dans la région
- les idées d'activités quand un visiteur va venir.

Il faut écrire en phrases complètes. Écrivez 40–50 mots environ **en français**. (16 marks)

*You're joining

Exam-style question

Bienvenue dans ma ville!

Nina, une amie française, et sa famille veulent passer une semaine dans ta ville cet été. Elle voudrait avoir des renseignements.

Écris un message à Nina. Tu **dois** faire référence aux points suivants:
- les attractions les plus populaires de la ville
- ce que tu as fait en ville le week-end dernier
- pourquoi l'été est le meilleur moment pour visiter ta ville
- ce que vous allez faire ensemble pendant son séjour.

Écris 80–90 mots environ **en français**. (20 marks)

To write a good answer, try to include:
- relevant information, some with extra details
- as little repetition as possible
- references to the future, using the near future tense.

How confident do you feel about each of these **skills**? Colour ✎ in the bars.

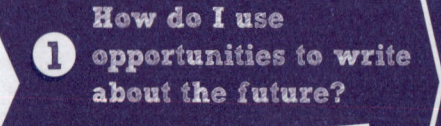

1. How do I use opportunities to write about the future?
2. How do I vary references to the future for added interest?
3. How do I use the future correctly?

32   Unit 4 Writing effectively about the future

Get started

5 Writing effectively about the past

This unit will help you learn how to write effectively about the past. The skills you will build are to:

- use opportunities to write about the past
- vary references to the past for added interest
- use the perfect tense correctly.

In the exam, you will be asked to tackle writing tasks such as the one below. This unit will prepare you to plan and write your own response to this question. As part of this task, you have to write in the present tense and also refer to the future and the past.

Exam-style question

Les vacances en famille

Ton correspondant français te pose des questions sur tes vacances en famille.

Écris-lui un e-mail. Tu **dois** faire référence aux points suivants:
- où vous passez vos vacances en général
- vos préférences pour le transport et le logement
- ce que tu as fait pendant tes dernières vacances
- ce que tu vas faire l'année prochaine.

Écris 80–90 mots environ **en français**. (20 marks)

The three key questions in the **skills boosts** will help you to improve how you write about the past.

1. How do I use opportunities to write about the past?
2. How do I vary references to the past for added interest?
3. How do I make sure I use the perfect tense correctly?

Look at the sample student answer on the next page.

Unit 5 Writing effectively about the past 33

Get started

1 Read one student's answer to the exam-style question on page 33 and answer the questions that follow it.

Exam-style question

Les vacances en famille

Ton correspondant français te pose des questions sur tes vacances en famille.
Écris-lui un e-mail.

> Tous les ans, nous allons au bord de la mer en famille.
> Nous prenons la voiture parce que c'est pratique. Nous allons à l'hôtel où nous avons réservé une chambre avec vue sur la mer.
> L'été dernier, à Nice en France, le temps était formidable. Nous nous sommes baignés et nous avons fait de la voile. C'était génial! Par contre, la plage était sale et il y avait trop de monde*. Quel dommage!
> L'été prochain, je vais aller dans un camp de vacances. Ça va être mes premières vacances sans ma famille!
> Sunita

*trop de monde – too many people

a Where does the writer, Sunita, go on holiday generally?

....

b Where did she go last year?

....

c Where will she go next year?

....

d What did she like doing during her last holiday?

....

e What didn't she like about her last holiday?

....

f Next summer, what's going to be different from previous years?

....

2 Read the student answer again. List the following:

a five verbs she uses to refer to the present:

....

b six verbs she uses to refer to the past:

....

c two verbs she uses to refer to the future:

....

34   Unit 5 Writing effectively about the past

Skills boost

1 How do I use opportunities to write about the past?

Make sure you respond appropriately to a question that refers to the past. If you want to, you can add more references to the past when covering other bullets. It can be a good way to ensure you vary your verb tenses.

1 First, make sure you identify the bullet points that **require** you to write about the past. Tick ✓ the bullets in this list that refer to the past.

- a ce qu'il y a à faire dans ta ville
- b ce que tu vas faire en ville demain
- c ce que tu as fait hier soir
- d ce qu'on peut visiter dans la région
- e ce que tu as visité dans la région
- f ce que tu vas visiter dans la région

2 When you write about what you do normally, you could also mention something you've done before. Read the answers addressing this question: *Vous logez où pendant vos vacances?* Draw lines ✎ to link up the sentences to make sense.

A En général, on réserve toujours une chambre dans le même hôtel au bord de la mer.	a L'été dernier, j'ai eu ma propre* tente. *own
B Tous les ans, en août, on va dans un camping.	b En 2016, nous avons loué une grande maison en montagne.
C Chaque été, mes parents et moi visitons une région en caravane.	c L'année dernière, c'était complet alors nous avons dû aller dans un autre hôtel.
D D'habitude, l'été, on loue* une maison. *louer – to rent	d Par exemple, il y a deux ans, nous avons fait le tour de la Bretagne.

3 Read sentences **a–d** again and underline Ⓐ the phrases that introduce a reference to the past.

4 Here are other time phrases you may recognise. Fill in ✎ the vowels!

- a h ...... r
- b ..... v ..... nt-h .... r
- c h .... r s .... r
- d d ..... m ..... nch .... d ..... rn .... r
- e l ..... s m .... n ..... d ..... rn .... r
- f p ..... nd ..... nt l ..... s d ..... rn .... r ..... s   v ..... c ..... nc ..... s
- g r ..... c ..... mm ..... nt

5 Write ✎ endings for these sentences about travels. Use the phrases on this page and others you know. Add a reason or your opinion!

Example: *Tous les ans, je vais en France en bateau, mais l'année dernière, j'ai pris l'avion.*

Tous les ans, je vais en France en bateau ....

J'aime bien voyager en train ....

Chaque été, nous allons en vacances en avion ....

....

Nous allons toujours en vacances en voiture ....

....

Unit 5 Writing effectively about the past

Skills boost

2 How do I vary references to the past for added interest?

You can write about the past in different ways. For instance, you can:
- create a contrast between now and before or something good and something bad
- give an example or an explanation
- add an opinion.

And remember, *je* is not the only subject pronoun you can use!

Part of the fun of a holiday abroad is trying new food. Read what a student has written to a French friend about his experience in Burgundy, France.

> Généralement, quand je vais en vacances, je mange toujours de la pizza mais l'été dernier, en Bourgogne, j'ai mangé des spécialités locales. En effet, je suis allé dans de bons restaurants avec mes parents et j'ai mangé des plats traditionnels. Par exemple, j'ai mangé des escargots. C'était délicieux! Par contre, comme dessert, j'ai mangé un gâteau et malheureusement, je n'ai pas aimé parce qu'il y avait trop de crème et c'était trop sucré.

1 Tick ✓ to say if these statements are true or false.   true   false

- **a** The writer ate only pizza when he went to Burgundy.
- **b** He ate in good restaurants.
- **c** He didn't eat snails.
- **d** He didn't like snails.
- **e** He loved the cake.
- **f** He found it too creamy and sweet.

2 a In the text above, circle Ⓐ three words/phrases the writer used to create a contrast.

b Underline Ⓐ three words/phrases he used to give an example or an explanation.

> Describing or giving your opinion about something in the past:
> **C'était / Ce n'était pas** + adjective
> *sympa, génial, nul, etc.*
> **Il y avait / Il n'y avait pas de** + noun

c Highlight 🖊 four opinions on the food.

3 Write 🖊 four short paragraphs on paper about your holiday experiences, using the table below. Make part **1** be about what happens generally, using the present tense, and parts **2–5** refer to the past. Include some time phrases from page 35.

1	2	3	4	5
Normalement, …	par exemple …	mais …	parce que …	C'était …
D'habitude, …	en effet …	par contre …	car …	Ce n'était pas …
Généralement, …		malheureusement …		Il y avait …
En général, …		cependant …		Il n'y avait pas de …
Tous les ans, …				
Chaque année, …				

Example: *[1] Normalement, je vais en vacances en France. [2] Par exemple, l'année dernière, je suis allé(e) à Paris. [3] Mais cette année, on est allés en Italie [4] parce que mon grand-père était malade. [5] C'était ennuyeux.*

Unit 5 Writing effectively about the past

Skills boost

3 How do I make sure I use the perfect tense correctly?

To use the perfect tense correctly, make sure you:
- know whether the verb you want to use needs *être* or *avoir*
- know whether the past participle is regular or not
- make the past participle agree if necessary
- use the correct word order in negative sentences.

1 Read Daniel's email to his French penpal about his misadventures during his last holiday. Fill the gaps with the present tense of *être* or *avoir*.

> Salut, Lou!
>
> Cet été, je .... allé en vacances à Saint-Tropez avec mes parents. D'abord,
> j'........................ oublié mon appareil photo. Quel dommage! Ensuite, on ....
> mangé dans un grand restaurant mais ma mère .... été très malade. Quand nous
> .... allés à la plage, j'........................ pris un coup de soleil.
>
> Un soir, nous nous .... promenés dans la ville et on m'........................ volé
> mon portable. Le dernier jour, mes parents .... perdu leurs passeports.
>
> Ils .... allés à la police et nous .... raté notre avion. Nous n'avons
> pas passé de bonnes vacances!
>
> Daniel

> Present tense of **avoir**:
> j'ai, tu as, il/elle/on a, nous avons, vous avez, ils/elles ont
> Present tense of **être**:
> je suis, tu es, il/elle/on est, nous sommes, vous êtes, ils/elles sont

2 Read Katya's blog about her catastrophic holiday. Correct the mistakes (highlighted). Be careful, some of the past participles are irregular.

> Cet été, je suis **allé** en France mais c'était la catastrophe! D'abord, j'ai **ratée** mon
> Eurostar. Puis, à Lille, je me suis **trompé*** et je n'ai pas **prendu** le bon train. J'ai restée longtemps
> dans une gare et j'ai m'ennuyé.
>
> Quand j'ai arrivée chez ma correspondante, je **m'ai reposé** et après, j'ai **mettu** mon maillot et nous
> sommes **allés** à la plage. Il a plu alors nous n'avons nagé **pas**. Nous avons **voulé** faire du shopping
> mais tout était fermé. Nous **avons rentré** et nous avons regardé un film. Mais c'était nul.
>
> Katya

* se tromper – to make a mistake

> Learn which verbs use *être* in the perfect tense. Remember to add -e for feminine, -s for plural.
> In negative sentences, *ne ... pas* goes around the part of *avoir/être*:
> Je **n'**ai **pas** mangé.
> Je **ne** me suis **pas** ennuyé(e).

3 Now imagine you went on a short weekend break with your family to Paris last summer but it was catastrophic! On paper, write a blog about it (about 50 words).

Unit 5 Writing effectively about the past 37

Sample response

Get back on track

Here is Clare's answer to the question on page 33. Has she followed all the advice and written effectively about the past?

Exam-style question

- où vous passez vos vacances en général
- vos préférences pour le transport et le logement
- ce que tu as fait pendant tes dernières vacances
- ce que tu vas faire l'année prochaine.

> En général, nous allons en vacances à la campagne.
> Nous préférons le train car c'est écolo mais cet été, nous avons pris la voiture.
> D'habitude, on loge chez ma grand-mère mais l'été dernier, j'ai pris une tente et j'ai dormi dans le jardin. C'était amusant!
> Pendant les dernières vacances, nous ne nous sommes pas baignés parce qu'il a beaucoup plu. Par contre, nous avons visité beaucoup de châteaux, par exemple on est allés à Castle Howard. Je ne me suis pas ennuyée.
> L'année prochaine, nous allons passer un mois en France.
> Clare

1. Find in the text examples of the things listed below. Note them in the table.

use a time phrase to refer to the past	l'été dernier
use a phrase to create a contrast	
use a phrase to give an example	
use a phrase to give an explanation	
use a variety of subject pronouns	
add an opinion about something in the past	
use *avoir* and *être* correctly to form the perfect tense	
use the correct form of the past participle	
make the past participle agree with the subject (*être* verbs)	
use the correct word order for verbs in the perfect tense	

Unit 5 Writing effectively about the past

Your turn!

Get back on track

You are now going to plan and write your own response to the exam-style question on page 33.

1 First jot down ✏️ your ideas for each bullet of the exam-style question using the following questions to help you.

- Where do you generally go on holiday? ....

    Did you go anywhere different last year? ....

- How do you prefer travelling? ....

    Did you travel differently last time? ....

    Where do you like staying? ....

    Did you stay anywhere different last time? ....

- What did you do during your last holiday? ....

    ....

    What was your opinion of these activities? ....

    ....

- What are your plans for next year's holiday? ....

    ....

2 Answer ✏️ the question. Then check your work with the checklist.

Checklist	✓
In my answer do I …	
use a past tense if a bullet point mentions the past?	
spot and use an opportunity to refer to the past?	
use a time phrase to refer to the past e.g. *l'année dernière*?	
use a phrase to create a contrast e.g. *par contre*?	
use a phrase to give an example e.g. *en effet*?	
use a phrase to give an explanation e.g. *car*?	
use a variety of subject pronouns?	
add an opinion about something in the past?	
use the perfect tense correctly (*avoir/être*, past participle, agreement, word order)?	

Unit 5 Writing effectively about the past

Get back on track

Review your skills

Check up

Review your response to the exam-style question on page 39. Tick ✓ the column to show how well you think you have done each of the following.

	Not quite ✓	Nearly there ✓	Got it! ✓
used opportunities to write about the past	☐	☐	☐
varied references to the past for added interest	☐	☐	☐
used the perfect tense correctly	☐	☐	☐

Need more practice?

On paper, plan and write your response to the exam-style question below.

Exam-style question

Au restaurant

Tu communiques sur les réseaux sociaux avec ton ami français, Samuel.

Écris un message. Tu **dois** faire référence aux points suivants:
- tes préférences pour une sortie au restaurant
- ce que tu manges au restaurant en général
- ta dernière expérience au restaurant
- ta prochaine sortie au restaurant.

Écris 80–90 mots environ **en français**.

(20 marks)

To write a good answer, try to include:
- references to past, present and future events
- sentences that are linked together
- a variety of structures
- a personal opinion.

How confident do you feel about each of these **skills**? Colour in the bars.

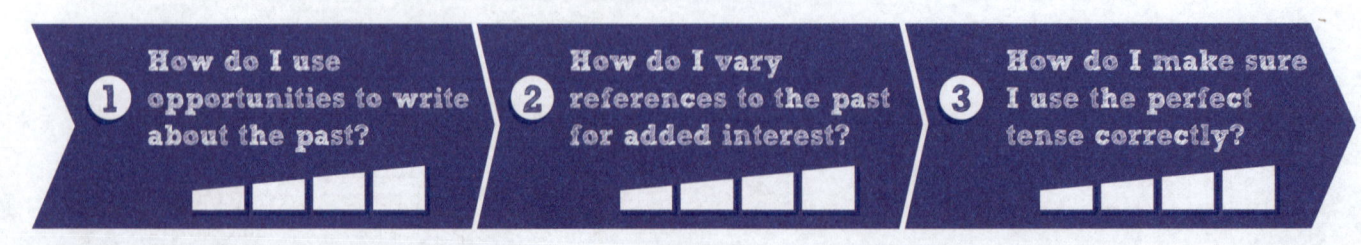

1. How do I use opportunities to write about the past?

2. How do I vary references to the past for added interest?

3. How do I make sure I use the perfect tense correctly?

40   Unit 5 Writing effectively about the past

Get started

6 Choosing and linking your ideas

This unit will help you learn how to choose and link your ideas when answering a question. The skills you will build are to:

- decide what you need to say
- organise your answer
- link your ideas logically.

In the exam, you will be asked to tackle writing tasks such as the one below. This unit will prepare you to plan and write your own response to this question.

Exam-style question

Le collège

Tu communiques sur les réseaux sociaux avec tes amis français.

Écris un message sur ta vie scolaire. Tu **dois** faire référence aux points suivants:
- ta journée préférée au collège
- les avantages et les inconvénients de ton collège
- ce que tu préférais avant, à l'école primaire
- une prochaine sortie scolaire.

Écris 80–90 mots environ **en français**. (20 marks)

The three key questions in the **skills boosts** will help you to choose and link your ideas.

1. How do I decide what I need to say?
2. How do I organise my answer?
3. How do I link my ideas logically?

Look at the sample student answer on the next page.

Unit 6 Choosing and linking your ideas   41

Get started

Here are the bullet points from the exam-style question on page 41 and one student's response.

Exam-style-question
- ta journée préférée au collège
- les avantages et les inconvénients de ton collège
- ce que tu préférais avant, à l'école primaire
- une prochaine sortie scolaire.

> Le mardi, c'est cool car je n'ai pas sciences. Je déteste ça!
> Le collège est bien équipé. Par exemple, on utilise nos tablettes parce qu'il y a le Wi-Fi dans les classes, c'est génial. Par contre, il n'y a pas de piscine et je trouve ça dommage parce que j'aime nager.
> En primaire, je chantais dans la chorale, c'était sympa! Le collège n'a pas de chorale alors je ne chante plus, sauf à Noël.
> En juin, la classe va visiter des expositions du British Museum, par exemple les momies égyptiennes*. Ça va être passionnant car l'histoire m'intéresse.

*Egyptian mummies

1 a How well has the writer, Elena, addressed the four bullet points? Fill in the table in English.

	fact(s)	example	opinion	reason
• journée préférée	Tuesday	–	cool	no science
• avantages				
inconvénients				
• avant, à l'école primaire				
• prochaine sortie scolaire				

b Is there anything in the answer that is not relevant to the question? ....

2 Read the text again. How did Elena link her ideas? Write the words she has used to …

a give the reason she likes Tuesdays best. .... *car* ....

b introduce the example she gives about her school being well-equipped. ....

c explain why students can use tablets. ....

d create a contrast with the negative points about her school. ....

e give her opinion about not having a swimming pool. ....

f give the reason for that opinion. ....

g explain the consequence of the school not having a choir. ....

h give an exception for when she sings. ....

42   Unit 6 Choosing and linking your ideas

Skills boost

1 How do I decide what I need to say?

First make sure your ideas are relevant and address the bullet points. No repetition, no off-topic rambling! Also, select ideas which allow you to use the language you know. There's no point in trying to say things if you don't have the vocabulary to say them. Stick to what you know.

1 Read a student's answer to this question: *Quelle est ton opinion sur les horaires au collège?*

> La journée scolaire est trop longue. Elle commence trop tôt et finit trop tard.
>
> On a une heure pour déjeuner. Ce n'est pas assez long et j'aimerais avoir plus de temps pour le déjeuner.
>
> J'aime bien les récrés mais on a juste 15 minutes et c'est trop court pour bavarder avec mes amies!
>
> Mon collège est trop grand et il y a trop d'élèves. Par contre les profs sont sympa.
>
> Les cours durent une heure, c'est bien mais le soir, les devoirs sont trop difficiles.

a At this school, how long do they have for these things?

Lunchtime .... Breaktime .... A lesson ....

b Underline (A) phrases that you think are repetitive and not very useful.

c Circle (A) the information you think is not relevant at all to the question.

2 Here are another student's notes to answer the same question. Tick (✓) the information you think is relevant and put a cross (✗) if it's not relevant.

a starts too early in the morning

b 40 min lessons – too short

c uniform is ugly and not comfortable

d lunchtime: 45 mins – too short, would like to do drama and can't

e maths lessons are long and really boring and science too difficult

3 Write an answer using the items you ticked in **2** (about 40 words).

....

....

....

4 Now write your own answer to the question. Remember, don't try and say things you don't have the vocabulary for! (Write about 50 words.)

....

....

....

....

Unit 6 Choosing and linking your ideas   43

Skills boost

2. How do I organise my answer?

Your ideas need to be well chosen but also clearly and sensibly organised. You need to:
- organise your answer in paragraphs corresponding to each bullet point: one idea per paragraph
- keep all the ideas addressing the same point together.

1 Read the response to this two-part question. It contains good sentences, but they are not very well organised.

- Comment est votre uniforme?
- Êtes-vous pour ou contre l'uniforme au collège?

> [1] Au collège, on doit porter un pantalon noir ou bleu et une veste verte. [2] L'uniforme, ce n'est pas confortable en général. [3] En plus, ça coûte assez cher. [4] La chemise est bleue et la cravate bleue et verte. [5] Je n'aime pas les couleurs de notre uniforme. [6] On doit aussi mettre des chaussures noires. [7] Par contre, c'est pratique pour s'habiller le matin.

a Sort out the sentences in the answer above: which part of the question do they relate to? Write the numbers in the boxes.

- Comment est votre uniforme? ☐ ☐ ☐ ☐
- Êtes-vous pour ou contre l'uniforme au collège? ☐ ☐ ☐

b Now organise the sentences into a logical order.
Write the numbers in the boxes. ☐ ☐ ☐ ☐ ☐ ☐ ☐

2 Read the two-part question below and the student notes on the left and right.

a Organise the notes: draw lines to link them to the right question.

labos modernes		profs trop sévères avec nous
trop d'élèves	• Comment votre collège est-il aménagé?	salles de classe agréables
trop grand		gymnase bien équipé
très grande cour	• Aimez-vous l'ambiance du collège?	règlement pas raisonnable
pas sympa		

b On paper, use the notes above to write the answer to the two-part question (about 60 words).

3 Choose the two-part question in either **1** or **2**. Write your own answers on paper.

> **Remember!**
> - Separate your ideas into clear paragraphs.
> - **FEOR**: **F**act, **E**xample, **O**pinion, **R**eason (not necessarily in that order).
> - Order your ideas logically within each paragraph.
> - Only use vocabulary you feel confident with.

44 Unit 6 Choosing and linking your ideas

Skills boost

3 How do I link my ideas logically?

Aim for extended sentences that link your ideas, but do it logically using the right connectives.

1 Read the following response to these questions:
- De quoi es-tu fier/fière au collège?
- Que vas-tu faire l'année prochaine?

Fill the gaps with the missing connectives, to match the English cues. The hints in the yellow box (at the bottom of the page) will help.

> Je suis fière de moi au collège [1 because] .... je suis très active avec mon club de théâtre. [2 Indeed] .... j'ai organisé un spectacle [3 and] .... nous avons récolté de l'argent pour des associations caritatives. [4 for instance] .... nous avons donné £100 à Oxfam. [5 On top of that] ...., le spectacle a eu beaucoup de succès! [6 On the other hand] .... c'était beaucoup de travail [7 so] .... le directeur a dit: 'Attention, le travail scolaire d'abord!'
>
> L'année prochaine, [8 if] .... c'est possible, je vais organiser un concert. Mes amis sont d'accord [9 except] .... si on a trop de devoirs [10 but] .... je pense qu'on va avoir le temps.

2 Choose appropriate connectives from the yellow box to fill the gaps in this answer to the questions in **1**.

> Je suis fier de moi .... je suis membre de l'équipe de foot. ...., l'équipe a gagné beaucoup de matchs! ...., j'ai marqué 12 buts* et .... mon équipe a gagné le championnat régional! ...., j'ai eu beaucoup d'entraînement** .... je n'ai pas toujours fait mes devoirs!
>
> L'année prochaine, je voudrais être membre du conseil d'administration. Mes parents sont d'accord .... je n'ai pas trop de travail scolaire!
>
> *goals **training

Useful connectives

to add a fact:	et, en plus	to give an alternative:	ou
to give an example:	par exemple	to create a contrast:	mais, par contre
to explain:	parce que, car, en effet	to add a consequence:	donc, alors
to say 'if':	si	to say 'except':	sauf

3 Now it's your turn to write your own answer to the questions, on paper, using connectives to link your sentences (60–70 words).

Unit 6 Choosing and linking your ideas 45

Sample response

Here is a sample answer to the exam-style question on page 41. Has the student followed all the advice about how to choose and link her ideas?

Exam-style question

Le collège

Tu communiques sur les réseaux sociaux avec tes amis français.

Écris un message sur ta vie scolaire. Tu **dois** faire référence aux points suivants:
- ta journée préférée au collège
- les avantages et les inconvénients de ton collège
- ce que tu préférais avant, à l'école primaire
- une prochaine sortie scolaire.

Écris 80–90 mots environ **en français**. (20 marks)

Ma journée préférée, c'est le jeudi ou le vendredi parce que j'ai géo.

Mon collège est très moderne. Par exemple, il y a une belle piscine et un gymnase. Par contre, le règlement est trop strict. En effet, les bijoux sont interdits, sauf les montres*. En plus, il est interdit d'avoir un portable. Je trouve ça ridicule.

Avant, j'aimais bien la cantine. Maintenant, les repas ne sont pas bons alors je mange mal.

Bientôt, on va aller aux États-Unis. Si on va à New York, ça va être fantastique car je n'y suis jamais allée.

watches

---

1 a Tick ✓ the boxes if the student has:
- used paragraphs ☐
- kept all ideas addressing the same point together ☐
- followed FEOR when possible (fact, example, opinion, reason) ☐

b Complete the last column of the table with examples from the answer above.

all points made are relevant to the bullets	• journée préférée	le jeudi
	• avantages / inconvénients	
	• avant, à l'école primaire	
	• sortie scolaire	
link ideas logically with connectives to …	add a fact	En plus
	give an alternative	
	give an example	
	create a contrast	
	explain	
	add a consequence	
	say 'if'	
	say 'except'	

Unit 6 Choosing and linking your ideas

Your turn!

Get back on track

You are now going to plan and write your own response to the exam-style question from page 41.

Exam-style question

Le collège

Tu communiques sur les réseaux sociaux avec tes amis français.

Écris un message sur ta vie scolaire. Tu **dois** faire référence aux points suivants:
- ta journée préférée au collège
- les avantages et les inconvénients de ton collège
- ce que tu préférais avant, à l'école primaire
- une prochaine sortie scolaire.

Écris 80–90 mots environ **en français**. (20 marks)

1. First jot down your ideas for each bullet of the exam-style question using the following questions to help you.

    - What is your favourite day of the week? Why? ....
    - What are the good points about your school? Why? ....

      What are the bad points about your school? Why? ....
    - What did you like better before, in primary school? Why? ....
    - Where will you go on your next class outing? ....

      What do you think about that outing? Why? ....

2. Answer the question. Then check your work with the checklist.

Checklist	✓
In my answer do I …	
only make points relevant to the bullet points?	
use a paragraph for each bullet point?	
organise my answer, keeping all points that deal with the same point together?	
use FEOR: fact, example, opinion, reason?	
link my ideas logically using connectives?	
use vocabulary I feel confident using?	

Unit 6 Choosing and linking your ideas 47

Get back on track

Review your skills

Check up

Review your response to the exam-style question on page 47. Tick ✓ the column to show how well you think you have done each of the following.

	Not quite ✓	Nearly there ✓	Got it! ✓
decided what I need to say	☐	☐	☐
organised my answer	☐	☐	☐
linked my ideas logically	☐	☐	☐

Need more practice?

On paper, plan and write ✏️ your response to the exam-style question below.

Exam-style question

Une sortie scolaire

Tu communiques sur les réseaux sociaux avec ton ami français, Lucas.

Écris un message. Tu **dois** faire référence aux points suivants:
- où tu es allé(e) en sortie
- ton opinion sur cette sortie
- la prochaine sortie
- les avantages et inconvénients des sorties scolaires.

Écris 80–90 mots environ **en français**.   (20 marks)

To write a good answer, try to include:
- relevant information with some extra details
- a variety of structures and tenses
- extended sentences well linked together
- original ideas
- a personal opinion.

How confident do you feel about each of these **skills**? Colour ✏️ in the bars.

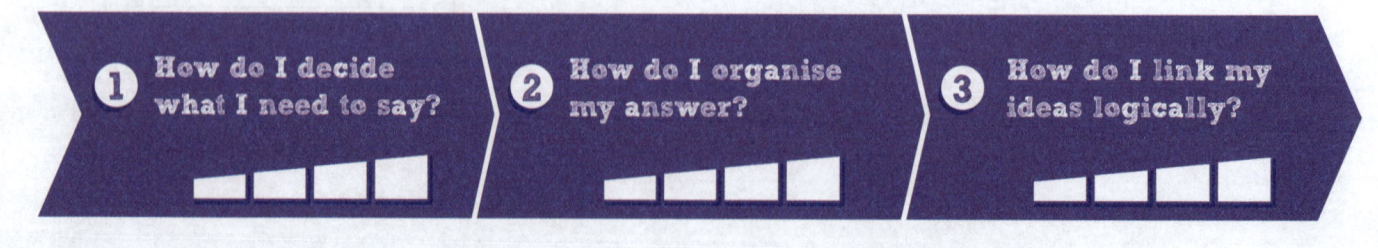

1 How do I decide what I need to say?

2 How do I organise my answer?

3 How do I link my ideas logically?

Unit 6 Choosing and linking your ideas

Get started

⑦ Improving your accuracy

This unit will help you to improve your accuracy. The skills you will build are to:
- write correct verb forms
- check agreements and make sure key words are correctly used
- improve your spelling.

In the exam, you will be asked to tackle a writing task such as the one below. This unit will prepare you to plan and write your own response to this question, using language that is as accurate as possible.

> **Exam-style question**
>
> Tes projets
>
> Tu parles sur les réseaux sociaux avec tes amis français.
>
> Écris un message. Tu **dois** faire référence aux points suivants:
> - le genre de travail que tu aimerais faire plus tard
> - tes qualités pour ce travail
> - le stage en entreprise que tu as fait
> - tes projets après le collège.
>
> Écris 80–90 mots environ **en français**. (20 marks)

The three key questions in the **skills boosts** will help you to improve your accuracy.

① How do I write correct verb forms?

② How do I check agreements and key words?

③ How do I improve my spelling?

Look at the sample student answer on the next page.

Unit 7 Improving your accuracy 49

Get started

Here is a student's answer to the exam-style question on page 49.

> Salut!
> Plus tard, je voudrais devenir jardinière parce que je m'intéresse à la nature. Je suis active et j'aime beaucoup travailler en plein air.
> L'année dernière, j'ai fait un stage dans une ferme. J'avais quatre collègues et ils étaient sympa. Je suis montée sur un tracteur. C'était marrant! Par contre, je sais maintenant que je ne veux jamais travailler avec les animaux. Chez moi, j'ai un hamster, mais nettoyer sa cage, ce n'est pas difficile!
> Après le collège, si je peux, je vais essayer de commencer un apprentissage chez un jardinier.
> Molly

1 What information does the writer, Molly, give for each bullet point? Write notes in English.

- le genre de travail que tu aimerais faire plus tard: ....
- tes qualités pour ce travail: ....
- le stage en entreprise que tu as fait: ....
- tes projets après le collège: ....

2 Are the following statements true or false?

		true	false
a	Molly enjoys the outdoors.	☐	☐
b	One of her qualities is that she likes hard work.	☐	☐
c	She did her work experience in a garden centre.	☐	☐
d	All of her colleagues were nice to her.	☐	☐
e	She would like to work with animals in future.	☐	☐
f	She doesn't find cleaning her hamster's cage difficult.	☐	☐
g	She is about to start an apprenticeship with a gardener.	☐	☐

3 a The writer, Molly, is female. Which three words in the text reflect her gender?

....

b How would a writer called Marcus write those words?

....

Unit 7 Improving your accuracy

Skills boost

1 How do I write correct verb forms?

When you use a verb, ask yourself two questions:
- Am I writing about the past, the present or the future?
- How do I write that past, present or future verb form accurately?

1 Read the questions in the table below. Which verb tense should you use to answer them? Write ✏ in the boxes in column 1:

Pr = present tense   F = near future
Pf = perfect tense   C = conditional
I = imperfect tense

> The present tense is just one word in French.
> *je travaille* = *I work* or *I'm working*.
> Learn by heart the present tense of *avoir* (*j'ai* …), *être* (*je suis* …) and *aller* (*je vais* …).

	1		2	3
a	F	Que vas-tu faire après l'école?	Je vais aller à la fac.	Je vais étudier les langues.
b		Où as-tu fait ton stage en entreprise?		
c		Que fais-tu comme petit boulot?		
d		Plus tard, tu voudrais travailler dans quel secteur?		
e		Comment étaient tes collègues, pendant ton stage?		
f		Dans quel pays étranger es-tu allé(e)?		
g		Que vas-tu faire comme petit boulot, pendant les vacances?		
h		Pourquoi est-ce que les langues sont importantes, à ton avis?		

2 In column 2, copy ✏ a suitable answer to the question from the list below.

Ils étaient gentils.
On peut voyager.
J'ai fait mon stage dans le magasin de ma tante.
Je fais du baby-sitting pour mes voisins.
Je suis allé(e) en Espagne.
Je vais aider dans un garage.
Je voudrais travailler avec des enfants.

3 In column 3, write ✏ a new answer to the question. Take care with verb tenses.

Unit 7 Improving your accuracy   51

Skills boost

2 How do I check agreements and key words?

Many small words carry important information. To improve your accuracy, take care with possessive adjectives (**mon** projet), personal pronouns (je **me** prépare) and negatives (je **ne** veux **plus** étudier).

1 To use a possessive adjective, you need to know whether the noun it accompanies is masculine, feminine or plural. Fill 🖉 the gaps with the correct word for 'my': *mon, ma* or *mes*. Circle Ⓐ the noun it accompanies.

> le collège (m) – **mon** collège = my school
> la chambre (f) – **ma** chambre = my bedroom
> l'école (f, noun begins with a vowel) – **mon** école = my school
> les parents (pl) – **mes** parents = my parents
> Always note down the gender – m or f, le or la.
> Remember, the French for 'his' and 'her' is **son**, **sa** or **ses**.
> Elle a fait **son** stage en entreprise avant **ses** examens.
> Il promène le chien de **sa** voisine.

En mai, avant ……*mes*…… (examens), j'ai fait ……………… stage en entreprise. ……………… collègues étaient gentils mais ……………… patron était sévère. Le samedi, je travaille mais ……………… petit boulot n'est pas fatigant: je promène le chien de ……………… voisine. Quelquefois, j'aide ……………… mère dans le jardin. Plus tard, je voudrais ouvrir ……………… propre magasin. Avoir ……………… propre entreprise, c'est ……………… rêve.

2 Félix writes about the casual work that he and his sister do. Match up 🖉 the sentence halves.

> Quand je travaille, je reste dans la maison mais Lilou préfère le plein air.

A J'aide ma mère, par exemple, hier, j'	a a emmené le chien de la voisine au parc.
B En plus, je	b adore lire des histoires aux enfants.
C Je m'	c ai passé l'aspirateur.
D parce que j'	d aime bien sortir le chien
E Le samedi, ma sœur Lilou	e amuse bien
F Hier, elle	f fais du baby-sitting le soir.
G Elle	g lave la voiture.
H parce qu'elle	h se promène aussi.

(A matches c)

3 Thomas didn't like his sabbatical in Spain. On paper, rewrite 🖉 his sentences with the words in the correct order, then translate 🖉 them into English. Take care with placing the negative expressions.

a n'a sabbatique Thomas son aimé année pas

b jamais n'a espagnol parlé Il

c appris Il rien n'a

d visiter d'autres veut Il pays plus ne

52 Unit 7 Improving your accuracy

Skills boost

3. How do I improve my spelling?

In your writing, you won't lose marks for the occasional spelling mistake. However, too many errors could make your meaning unclear. Practise these techniques to improve your spelling.

1 There are 20 spelling mistakes (highlighted) in this text about gap year plans.

a. Circle Ⓐ the words that you think have a wrong or missing accent.

b. Underline Ⓐ words that have spelling errors.

c. Correct 🖉 them all, using a dictionary or word list to check.

> To memorise spellings, **look** at the word, **cover** it, **write** it, **check** it.
> Take care with words that are similar but not quite identical to English, such as *Amérique*. Look at verbs carefully – *je vai* might seem right, but must be written *je vais*.

> Après *l'ecole*, je *vai* prendre *un* année *sabatique* parce que je ne suis jamais *aller a* l'étranger. Je *voudrai voyage* en *Américe* du Sud. Mon grand-père *ai spagnol* et l'*anée dérniere*, j'*étudié* le *spagnol* au *college*. Les *langes* sont *tres utile* pour le *traveil*.

> Accents matter! Take this example:
> Il étudie **à** Berlin. L'année dernière, il **a** étudi**é** à Paris.
> il étudie = present tense
> il **a** étudi**é** = perfect tense
> à – preposition meaning 'in' or 'to'
> a – from the verb *avoir*, meaning 'has', and used to form the perfect tense

2 Find **ten** words with mistakes in this text about future plans and correct 🖉 them.

> Ma passion, ces les voyages. Je n'aimerais pas travailer dans un bureau. L'année dernière, j'ai fais un stage à l'office de tourisme de ma ville. Jai parle avec des visitors etranges et c'était interesant. Plu tard, je vais etudie les langues à l'université et ensuite, je voudrais devenir guide.

3 When you read through your work, use a mental checklist to make sure your text is clear and accurate. Start with what you have seen in this unit. Look out for:

- words, including those similar to English, that are wrongly spelled
- missing or wrong accents
- verb forms
- feminine and/or plural agreements.

Add 🖉 other types of mistakes that you want to watch out for:

- ....
- ....

Now memorise this list and use it every time you check your written work.

Unit 7 Improving your accuracy

Get back on track

Sample response

To improve your accuracy, you need to:
- use correct verb forms when writing about the past, present or future
- check small-but-important words such as possessive adjectives, subject pronouns and negatives
- avoid leaving too many spelling mistakes that make your meaning unclear.

Look at this exam-style writing question and a sample answer.

Exam-style question

Après l'école, le travail

Tu parles en ligne avec un ami français.

Écris un message. Tu **dois** faire référence aux points suivants:
- ton petit boulot cette année
- tes projets plus tard
- le métier que tu voudrais faire
- les qualités nécessaires pour ce métier.

Écris 80–90 mots environ **en français**. (20 marks)

Salut!

Le samedi, je travaille dans un garage et je nettoie les voitures. Samedi dernier, j'étais vraiment contente parce que je suis montée dans une belle voiture de sport – pour passer l'aspirateur! L'année prochaine, je vais apprendre à conduire et j'espère passer mon permis.

À 18 ans, je vais étudier l'ingénierie à l'université, puisque la mécanique, c'est ma passion. Ensuite, je ne veux jamais travailler dans un bureau! J'aimerais devenir ingénieure et travailler à l'étranger, parce que j'adore voyager. Je pense que c'est un métier difficile, mais je suis motivée et travailleuse.

---

1 Find verb forms in the text for each of the following tenses.

  a present: *je travaille,* ....

  b imperfect: ....

  c perfect: ....

  d future: ....

  e conditional: ....

> Learn by heart vocabulary related to your own interests, and impress the examiner by writing words like *l'ingénierie* and *ingénieure* without errors.

2 What gender are the French words *permis* (driving licence) and *passion*? What clues in the text tell you this?

permis: .... passion: ....

3 Circle the words in the text that show the writer is female. Write them below as if the writer was male.

....

4 Choose at least four words in the text (including at least one with an accent) that you think are difficult to write. Use the 'look/cover/write/check' technique to learn how to write them.

....

54   Unit 7 Improving your accuracy

Get back on track

Your turn!

You are now going to plan and write your response to this exam-style question from page 49.

Exam-style question

Tes projets

Tu parles sur les réseaux sociaux avec tes amis français.

Écris un message.

1. First jot down your ideas.

   Add which tense(s) you might need for that type of answer.

   - the sort of job you see yourself doing as an adult: ....

     Tense: ....

   - the qualities you think you've got for that job: ....

     Tense: ....

   - a work experience placement you've done: ....

     Tense: ....

   - your plans post-16: ....

     Tense: ....

2. Answer the question. Then check your work with the checklist.

Checklist	✓
In my answer do I …	
answer all the bullet points?	
use the correct verb forms in the right places to talk about past, present and future?	
use the imperfect tense for descriptions and opinions about something in the past?	
use the conditional to express wishes (*je voudrais, j'aimerais*)?	
use small words such as possessive adjectives and personal pronouns correctly?	
use negative phrases (*ne … jamais/plus/rien*) correctly and appropriately?	
spell words accurately, including accents, using my mental checklist (page 53)?	

Unit 7 Improving your accuracy

Get back on track

Review your skills

Check up

Review your response to the exam-style question on page 55. Tick ✓ the column to show how well you think you have done each of the following.

	Not quite ✓	Nearly there ✓	Got it! ✓
written correct verb forms	☐	☐	☐
checked agreements and made sure key words are correctly used	☐	☐	☐
improved my spelling by using a mental checklist	☐	☐	☐

Need more practice?

On paper, plan and write ✎ your response to the exam-style question below.

> **Exam-style question**
>
> Séjour en France
>
> Tu veux travailler en France après tes examens.
>
> Écris un message à l'organisation *Échanges internationaux*. Tu **dois** faire référence aux points suivants:
> - la langue ou les langues que tu parles
> - comment tu as appris ces langues
> - pourquoi tu veux aller en France à 18 ans
> - ce que tu voudrais faire après.
>
> Écris 80–90 mots environ **en français**. (20 marks)

> To write a good answer, try to include:
> - a variety of structures
> - an example of a complex structure
> - references to past, present and future events.
>
> Remember to check your work carefully, making it as accurate as possible so that the meaning is clear.

How confident do you feel about each of these **skills**? Colour ✎ in the bars.

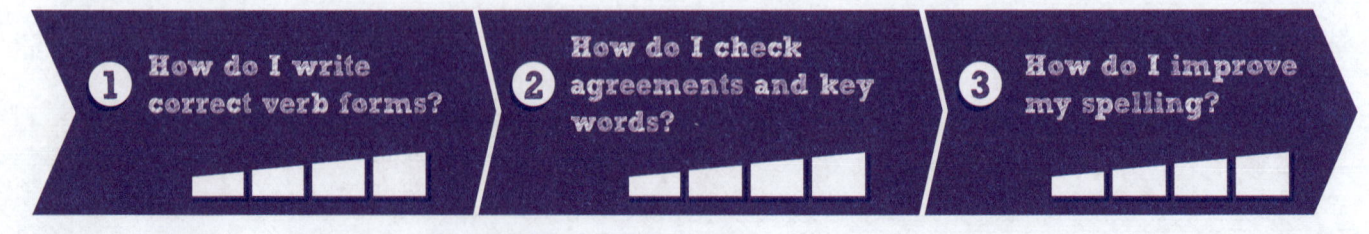

1 How do I write correct verb forms? ▭▭▭▭

2 How do I check agreements and key words? ▭▭▭▭

3 How do I improve my spelling? ▭▭▭▭

Unit 7 Improving your accuracy

Get started

8 Avoiding the pitfalls of translation

This unit will help you to be successful at translating from English into French, by avoiding the main pitfalls. The skills you will build are to:

- avoid translating word for word
- avoid making errors with cognates and 'false friends'
- make sure your translation is accurate.

In the exam, you will be asked to translate from English sentences into French, such as the ones below. This unit will prepare you to look out for potential pitfalls and translate correctly into French. In this exam-style question a student has translated the English into French correctly.

> **Exam-style question**
>
> L'environnement
>
> Traduis les phrases suivantes **en français**.
>
> (a) I like nature.
>   *J'aime la nature.* .... (2)
>
> (b) There are lots of problems.
>   *Il y a beaucoup de problèmes.* .... (2)
>
> (c) Generally, I have a shower in the morning.
>   *Généralement, je prends une douche le matin.* .... (2)
>
> (d) I recycle paper but I don't buy green products.
>   *Je recycle le papier mais je n'achète pas de produits verts.* .... (3)
>
> (e) Last year, I went to school by car but now I'm using my bike because it is better for the environment.
>   *L'année dernière, j'allais au collège en voiture mais maintenant, j'utilise mon vélo parce que*
>   *c'est mieux pour l'environnement.* .... (3)
>
> (total 12 marks)

The three key questions in the **skills boosts** will help you translate sentences from English to French.

1. How do I avoid translating word for word?
2. How do I avoid making errors with cognates and 'false friends'?
3. How do I make sure my translation is accurate?

Look at the student answer for another exam-style question on the next page.

Unit 8 Avoiding the pitfalls of translation 57

Get started

Look at a student's translations for the sentences in this exam-style question. The student does not get full marks because there are mistakes in the translations.

Exam-style question

La solidarité

Traduis les phrases suivantes **en français**.

(a) I hate poverty.
Je déteste ▓ pauvreté. (2) — *Word missing.*

(b) There is a lot of injustice.
C'est beaucoup ✗ injustice. (2) — *Avoid word-for-word translation for 'There is'. Word missing after beaucoup.*

(c) Homeless people have a bath at the weekend.
Les sans-abri ont un bain à le week-end. (2) — *Learn set phrases like prendre un bain. No need for a word for 'at' here.*

(d) I volunteer in a shelter but I don't give money.
Je ▓ bénévole dans un refuge mais je ▓ donne pas monnaie. (3) — *Words missing – beware of false friends!*

(e) Last year, I worked with animals but now I am working with children because it is easier for me.
Dernière année, je travaille avec ▓ animaux mais maintenant je suis travaillant avec ▓ enfants parce qu'il est ▓ facile pour moi. (3) — *Check word order and verbs.*

1 Use the translations in the exam-style question on page 57 to help you correct the sentences in this exam-style question. Write ✎ them below.

a ....

b ....

c ....

d ....

e ....

Skills boost

1. How do I avoid translating word for word?

When translating from English to French, remember that words, phrases and structures don't always match one another neatly. Words are not necessarily in the same order.

1 These sentences contain words and phrases which you cannot translate literally. Choose a phrase to complete ✏️ the sentence. Think about why that's the right option.

a) Today, it is hot and it's sunny.   Aujourd'hui, ... et il y a du soleil.
   - i c'est chaud
   - ii il fait chaud
   - iii il est chaud

b) I have breakfast and I get ready.   Je .... le petit déjeuner et je me prépare.
   - i ai
   - ii prends
   - iii mange

c) My brother is 18 and he does volunteering.   Mon frère .... et il fait du bénévolat.
   - i est 18 ans
   - ii a 18
   - iii a 18 ans

d) I am tired and I am hungry.   Je suis fatigué et .... faim.
   - i je
   - ii je suis
   - iii j'ai

e) There are lots of people.   .... beaucoup de gens.
   - i Il y a
   - ii Ils sont
   - iii C'est

2 Write ✏️ the French words in order to translate the English sentences. Remember, word order is different in French, especially for adjectives and negatives.

a) I think that racism is a big problem. ....
   un / pense / Je / le / que / est / problème / racisme / gros

b) There is a fantastic atmosphere at the festival. ....
   au / y / ambiance / Il / a / fantastique / une / festival

c) I buy green products when I can. ....
   quand / des / J' / je / achète / verts / produits / peux

d) I never take baths, I prefer showers. ....
   Je / jamais / prends / les / bains / ne / préfère / douches / je / de

e) I haven't bought anything in the shop. ....
   acheté / le / Je / ai / dans / n' / magasin / rien

f) I won't be drinking sodas any more. ....
   de / ne / Je / boire / vais / sodas / plus

BAGS adjectives go before the noun:
Beauty   beau, joli
Age   vieux, jeune, nouveau
Good and bad   bon, mauvais
Size   petit, grand, gros

Negatives
ne + verb + **pas/jamais/plus/rien**
ne + se + reflexive verb + **pas/jamais/plus**
With perfect tense verbs:
ne + être/avoir **pas/jamais/plus/rien** + past participle
ne + se + être + **pas/jamais/plus** + past participle

Unit 8 Avoiding the pitfalls of translation

Skills boost

2. How do I avoid making errors with cognates and 'false friends'?

Many words are very similar in French and English. However, some are 'false friends' and **don't** mean the same thing, so you need to be careful. When you come across a 'false friend', highlight it differently in your vocab book.

1 Some words change slightly between English and French. Study the table and fill in the missing words to make the French sentence match the English.

Difference between English and French	English example sentence	French translation
-ary changes to -aire	It's their wedding anniversary.	C'est leur .... de mariage.
-ist changes to -iste and -ism to -isme	He is a journalist and works in tourism.	Il est .... et travaille dans le ....
-ical changes to -ique	A typical school day starts at 8.30.	Une journée scolaire .... commence à 8h30.
-ly changes to -ment	Normally, I eat at the canteen.	...................., je mange à la cantine.

Same endings in English and French:
-al   -ance   -ble   -ct   -ent   -ence   -tion
Examples: canal, ambulance, horrible, direct, monument, existence, tradition

2 Be careful when the words look similar but don't mean the same thing. These pairs of sentences contain some 'false friends'. Circle the correct option in each French translation.

a I have no money. Je n'ai pas **de monnaie** / **d'argent**.
   I have no change. Je n'ai pas **de monnaie** / **d'argent**.

b It is a long journey. C'est **un long trajet** / **une longue journée**.
   It is a long day. C'est **un long trajet** / **une longue journée**.

c There is no library in town. Il n'y a pas de **bibliothèque** / **librairie** en ville.
   There is no bookshop in town. Il n'y a pas de **bibliothèque** / **librairie** en ville.

d I'll sit my exam in May. Je vais **passer** / **réussir** mon examen en mai.
   I'll pass my exam in May. Je vais **passer** / **réussir** mon examen en mai.

e I go to school by coach. Je vais à l'école en **car** / **voiture**.
   I go to school by car. Je vais à l'école en **car** / **voiture**.

f I rest at the hotel during the day. Je **me repose** / Je **reste** à l'hôtel pendant la journée.
   I stay in the hotel during the day. Je **me repose** / Je **reste** à l'hôtel pendant la journée.

3 Circle the correct option in each translation.

a I don't **travel** a lot. Je ne **travaille** / **voyage** pas beaucoup.
b It's very **annoying**. C'est très **énervant** / **ennuyeux**.
c We **visit** my cousins on Sundays. Nous **visitons** / **allons voir** mes cousins le dimanche.
d I play football three **times** a week. Je joue au foot trois **temps** / **fois** / **heures** par semaine.
e There are six **rooms** in my house. Il y a six **chambres** / **pièces** dans ma maison.

Unit 8 Avoiding the pitfalls of translation

Skills boost

3 How do I make sure my translation is accurate?

When translating, you must avoid mistakes which prevent your sentences from being clear. So beware of little words as they can be tricky!
- Determiners 'a', 'the' and 'some' might not be used in English but are necessary in French.
- Prepositions: they can be used differently in English and French.

1 Read these French translations and circle the **determiners** which don't appear in the English sentences.

a	I love music.	J'adore (la) musique.
b	He rarely plays music.	Il joue rarement de la musique.
c	We eat fish every day.	Nous mangeons du poisson chaque jour.
d	I don't eat sweets.	Je ne mange pas de bonbons.

2 Fill the gaps to complete these translations, choosing an appropriate preposition from the box – but only when you need one! The English sentences do not use a preposition.

> au   à   des   du   de la

a	He plays tennis and football.	Il joue _____ tennis et _____ football.
b	I play the guitar and the piano.	Je joue _____ guitare et _____ piano.
c	We played video games.	On a joué _____ jeux vidéo.

3 Prepositions are not always translated the same way. Sometimes you don't use one at all, in French, when there is one in English. Choose a word from the box to complete the sentences.

> à   dans   en   sur   –

a	My computer is **on** my desk.	Mon ordinateur est _____ mon bureau.
b	The festival starts **on** the 10th of May.	Le festival commence _____ le 10 mai.
c	**On** Mondays, I have maths.	_____ le lundi, j'ai maths.
d	**On** Monday, I'll go to town.	_____ lundi, je vais aller en ville.
e	I watch a film **on** television.	Je regarde un film _____ la télé.
f	**In** the morning, he went to the market.	_____ le matin, il est allé au marché.
g	We go skiing **in** winter.	Nous allons skier _____ hiver.
h	He lives **in** Paris now.	Il habite _____ Paris maintenant.

4 Choose the preposition à or de, or no preposition, to complete the sentences.

a	My sister is learning **to** dance.	Ma sœur apprend _____ danser.
b	He has tried **to** speak Hindi.	Il a essayé _____ parler Hindi.
c	I want **to** be a dentist.	Je veux _____ être dentiste.
d	I listen **to** the radio.	J'écoute _____ la radio.

Unit 8 Avoiding the pitfalls of translation   61

Sample response

Get back on track

Look at this exam-style writing question and a sample answer.

Exam-style question

La musique

Traduis les phrases suivantes **en français**.

(a) I like pop music. (2)
(b) There is a music festival in Paris on 21st June. (2)
(c) Normally, I play in a band and I sing on stage. (2)
(d) I don't like classical music but I'm going to attend a concert next week. (3)
(e) Last year, I tried playing the violin but this year I am playing the drums because it is easier. (3)

(12 marks)

(a) J'aime ==   == musique pop.

(b) ==C'est== un ==musique festival a== Paris ==sur== 21 juin.

(c) ==Normalent==, je joue dans une ==bande== et je chante ==en stage==.

(d) ==J'aime== pas la musique ==classic== mais je vais ==attendre== un concert ==prochaine semaine==.

(e) L'année dernière, je ==joue==   violon mais cette année, je joue ==des batteries== parce que c'est plus facile.

1 The translated sentences above contain mistakes, highlighted in yellow. Go through the sentences and make corrections ✏, using the checklist to help you.

a ....

b ....

c ....

d ....

e ....

Checklist	✓
In my answer do I …	
avoid translating words literally?	
use French equivalents for set phrases?	
remember the position of adjectives?	
remember word order in negative sentences?	
make use of word endings on near-cognates (-ical → -ique, etc.)?	
avoid 'false friends'?	
remember to add determiners when needed?	
think about prepositions (à, de, en, etc.)?	
make sure I use correct verb tenses?	
make the verb agree with the subject?	
make adjectives agree with nouns?	
check general spelling and accents (à/a)?	

Unit 8 Avoiding the pitfalls of translation

Your turn!

Get back on track

You are now going to write your own response to this exam-style question.

Exam-style question

Les vêtements

Traduis les phrases suivantes **en français**.

(a) I wear comfortable clothes. (2)

(b) There are lots of shoes in my cupboard. (2)

(c) Occasionally, I give some old trousers to charities. (2)

(d) My favourite pastime is shopping but I don't have any money! (3)

(e) Before, I bought cheap tee-shirts but now, if I have enough money, I will buy fair trade clothes. (3)

(12 marks)

- Word order? Determiner? Adjective agreement?
- Avoid word-for-word translation of 'there are'.
- Which word for 'some'? Adjective position and agreement. Avoid literal translation for 'charities'.
- Word order for adjective? Negative? Which word for 'any'? Cognate or 'false friend'?
- Which verb tenses?

1. Answer the question ✏️. Use the hints to help you. Then check your work with the checklist.

    a ....
    b ....
    c ....
    d ....
    e ....

Checklist	✓
In my answer do I …	
avoid translating words too literally?	
avoid mistakes caused by 'false friends'?	
use correct word order with adjectives?	
use correct word order in negative sentences?	
make use of word endings on cognates?	
add determiners when needed?	
use the correct prepositions?	
use correct tense and verb endings?	
make adjectives agree with the nouns?	
use correct spelling and accents?	

A good answer needs to:
- show that the English sentence has been understood
- make sense in French
- use accurate vocabulary: if you don't know a word, find another that means the same.

Unit 8 Avoiding the pitfalls of translation

Review your skills

Get back on track

Check up

Review your response to the exam-style question on page 63. Tick ✓ the column to show how well you think you have done each of the following.

	Not quite ✓	Nearly there ✓	Got it! ✓
avoided translating word for word	☐	☐	☐
avoided making errors with cognates and 'false friends'	☐	☐	☐
made sure my translation is accurate	☐	☐	☐

Need more practice?

On paper, plan and write ✎ your response to the exam-style questions below.

Exam-style question

Le monde du travail

Traduis les phrases suivantes **en français**.
- (a) My passion is theatre. (2)
- (b) My father is a secretary in an office. (2)
- (c) Later, I would like to work with children. (2)
- (d) I don't have a part-time job but I help at home. (3)
- (e) Last summer, I worked in a hotel and it was good fun but this year I will work in a shop. (3)

(12 marks)

Exam-style question

Les vacances

Traduis les phrases suivantes **en français**.
- (a) I like going to the seaside. (2)
- (b) There are lots of things to do for young people. (2)
- (c) Normally, in July, we book a room in a hotel. (2)
- (d) My favourite activity is resting on the beach but I don't like swimming. (3)
- (e) Last year we travelled by car but this summer we are going to take the train because it is more comfortable. (3)

(12 marks)

How confident do you feel about each of these **skills**? Colour ✎ in the bars.

1. How do I avoid translating word for word?
2. How do I avoid making errors with cognates and 'false friends'?
3. How do I make sure my translation is accurate?

Unit 8 Avoiding the pitfalls of translation

Get started

9 Using impressive language

This unit will help you to use impressive language. The skills you will build are to:
- learn and use interesting vocabulary
- use grammar to best effect
- create opportunities to use more complex language.

In the exam, you will be asked to tackle a writing task such as the one below. This unit will prepare you to plan and write your own response to this question, using language that's not just accurate but also impressive.

Exam-style question

Nettoyer les plages en Bretagne

Vous voulez participer à une semaine de nettoyage des plages de Bretagne avec l'association *Génération Écologie*, mais il y a très peu de places disponibles.

Écrivez une lettre pour convaincre les organisateurs de vous offrir une place.

Vous **devez** faire référence aux points suivants:
- pourquoi vous voulez participer
- les activités de protection de l'environnement que vous avez déjà faites
- comment cette expérience va vous aider à l'avenir
- pourquoi le rôle des jeunes dans la protection de l'environnement est important.

Justifiez vos idées et vos opinions.

Écrivez 130–150 mots environ **en français**. (28 marks)

The three key questions in the **skills boosts** will help you to use language to impress.

1. How do I make sure I use interesting vocabulary?
2. How do I use grammar to best effect?
3. How do I create opportunities to use more complex language?

Look at the sample student answer on the next page.

Unit 9 Using impressive language 65

Get started

Read one student's answer to the question on page 65 and answer the questions below.

> Monsieur/Madame,
> Ce qui me préoccupe beaucoup, c'est l'avenir de la planète. Pour moi, c'est donc important de participer au nettoyage des plages parce qu'il faut agir vite pour protéger l'environnement. Par exemple, l'année dernière, avec mes amis du collège, nous avons ramassé les détritus* dans les rues de la ville, en particulier devant le fast-food. Depuis, le restaurant a installé des poubelles sur le trottoir**. La directrice du collège était ravie*** et nous étions très fiers de nous. Si je participe à la semaine de nettoyage, je vais apprendre de nouvelles compétences et rencontrer de jeunes Français qui s'intéressent aussi à l'écologie. En plus, comme je voudrais étudier la géographie à la fac, je suis sûr que ça va être une expérience enrichissante pour moi. À mon avis, le plus grand problème pour la planète, c'est l'indifférence. Heureusement, en ce qui concerne les projets de conservation, les jeunes sont plus enthousiastes que les adultes!
> Cordialement
> Pawel Nowak

*les détritus – litter
**le trottoir – pavement
***ravi(e) – delighted, very pleased

1 Tick ✓ the four statements that are correct. Rewrite ✎ the four that are wrong.

a. Pawel finds it important to help clean beaches.
b. Recently, Pawel helped pick litter in the grounds of his school.
c. A restaurant in his town has taken action to protect the environment.
d. The headteacher was very surprised by what the students did.
e. Pawel and his friends were proud of what they had done.
f. Pawel has met young French people with similar interests to his.
g. Later Pawel would like to go to university.
h. Pawel is concerned by young people's lack of motivation.

2 Find at least three phrases which show Pawel's passion for nature conservation. Write ✎ them here.

Unit 9 Using impressive language

Skills boost

1 How do I make sure I use interesting vocabulary?

Practise using varied and precise vocabulary. Do this by:
- learning words as part of a topic
- collecting synonyms
- learning phrases rather than isolated words.

1 You will remember words better if you group them by topic when noting them down. Of course, many words can be used across different topics.

a In this list of words from the text on page 66, circle (A) the ones that relate to the environment topic.

l'avenir	la planète	participer	le nettoyage	la plage	l'ami	le collège
les détritus	la rue	le restaurant	la poubelle	la directrice		
la semaine	la compétence	l'écologie	l'expérience	la conservation		

b Add any other words you know on the same topic.

recycler

2 When you note down vocabulary, try to expand your range by noting synonyms as well – words that mean the same. Read the text on page 66 again and find synonyms for these words.

rapidement vite

les déchets

placer

très content

très content (de soi)

l'environnement

l'université

certain

utile

le manque d'intérêt

très motivé

3 Learn vocabulary as part of a phrase rather than as isolated words whenever possible.

Complete the French phrases, which are from the text on page 66. Then draw lines to match them with the English.

a	s'intéresser	the future of the planet
b	apprendre	beach cleaning
c	protéger	to protect the environment
d	l'avenir	to learn new skills
e	le projet	to be interested in ecology
f	le nettoyage	conservation project

Learning whole phrases rather than individual words will also help you remember whether to use *à* or *de* after a verb.

Unit 9 Using impressive language

Skills boost

2 How do I use grammar to best effect?

You have done a lot of practice to get your grammar right. Now use your knowledge to impress:
- mix time frames (present, perfect and imperfect, future)
- vary the verb forms so you don't just use *je*.

Read this very plain paragraph about volunteering in the community.

> *Je voudrais faire du bénévolat. J'aimerais travailler avec les enfants. C'est sympa. Je ne veux pas travailler avec les animaux. C'est pénible.*

To use a wider range of tenses, you could say:
- what happened in the past – using the perfect for an event, the imperfect for an opinion
- what will happen in the future – using *aller* + infinitive.

1 Think of ways you could improve the paragraph. You could:

a Write 🖉 a new sentence about a volunteering activity using the **perfect** tense.

....

b Add a comment 🖉 about it, using the **imperfect** tense.

....

c Mention 🖉 working with animals in the future, using the **near future** tense.

....

2 On paper, rewrite 🖉 the paragraph on the right to make it more interesting, adding references to past and future.

> *Je voudrais faire du bénévolat. J'aimerais travailler avec les SDF. C'est intéressant. Je ne veux pas travailler avec les personnes âgées. C'est difficile.*

3 Look at Text A and Text B. Text B uses other verb forms, not just *je* forms.

A
> *À la maison, je n'allume pas le chauffage. Dans les magasins, je refuse les sacs en plastique. Au collège, je recycle le papier.*

B
> *À la maison, **nous n'allumons** pas le chauffage. Dans les magasins, **mon père refuse** les sacs en plastique. Au collège, **les profs recyclent** le papier.*

Adapt 🖉 the following paragraph to use varied verb forms, like the example above.

> *À la maison, je trie les déchets. Dans le jardin, je fais du compost. Le matin, je vais au collège à vélo.*

....
....
....

Take care with verb endings when you write.

	common irregular verbs				regular -er verbs	regular -ir verbs
	être	avoir	aller	faire	trier	finir
je	suis	ai	vais	fais	trie	finis
il/elle/on	est	a	va	fait	trie	finit
nous	sommes	avons	allons	faisons	trions	finissons
ils/elles	sont	ont	vont	font	trient	finissent

68 Unit 9 Using impressive language

Skills boost

3 How do I create opportunities to use more complex language?

Go beyond description. Give opinions and justify them to show off your French at its best:
- emphasise your points
- use a technique such as FEOR, giving **Facts, Examples, Opinions and Reasons**.

1 Phrases like these help make your writing sound more convincing.

Ce qui me préoccupe, c'est + noun

Ce qui est important pour moi, c'est + noun

Le plus grand problème (environnemental), c'est + noun

À mon avis, il est important de + verb in the infinitive

Rewrite the sentences, using the phrases above.

Example: *Ce qui me préoccupe, c'est le changement climatique.*

Superlative adjectives, such as *le plus grand*, are one way of adding emphasis. See Unit 1.

Use emphatic pronouns in phrases like *pour moi, selon moi* …

moi	me
lui	him
elle	her
nous	us
eux, elles	them

a Le changement climatique est un grave problème.

....

b Je m'intéresse aux conditions de travail dans les pays pauvres.

....

c Il faut acheter des produits du commerce équitable.

....

d On doit respecter l'environnement.

....

2 a In this answer, note whether each phrase is F, E, O or R (see Unit 6, page 44).

Ce qui est important pour moi, c'est la musique! ☐ *Je dépense tout mon argent en concerts* ☐. *Par exemple, l'année dernière, je suis allée au festival de Glastonbury* ☐. *À mon avis, c'est le meilleur festival* ☐ *parce qu'on danse beaucoup et on s'amuse bien* ☐. *L'année dernière, il y avait une ambiance extraordinaire* ☐. *Je vais donc retourner à Glastonbury cette année* ☐ *car Shakira est au programme* ☐ *et je pense que c'est la meilleure chanteuse* ☐.

b Look at the text again. Find and write:

  i two phrases to present an opinion: ....

  ....

  ii two words or phrases to present a reason: ....

  ....

  iii one phrase to present an example: ....

Unit 9 Using impressive language 69

Get back on track

Sample response

To impress with your language, you need to:
- learn and use interesting vocabulary
- use grammar to best effect
- create opportunities to use more complex language.

Now look at this exam-style question, similar to the one you saw on page 65, and one student's answer.

Exam-style question

Protéger les animaux en danger

Vous voulez travailler comme bénévole dans un refuge* pour animaux en danger dans les Alpes françaises, mais il y a très peu de places disponibles.

Écrivez une lettre pour convaincre les organisateurs de vous offrir une place.

Vous **devez** faire référence aux points suivants:
- pourquoi vous voulez travailler au refuge
- ce que vous avez déjà fait avec les animaux
- comment cette expérience va vous aider à l'avenir
- pourquoi le bénévolat est important pour les jeunes.

Justifiez vos idées et vos opinions.

Écrivez 130–150 mots environ **en français**.

*shelter

(28 marks)

Madame, Monsieur

J'aimerais travailler au refuge parce que le plus grand problème environnemental, selon moi, c'est la disparition des espèces rares comme les orang-outans ou les tigres. Ce qui me préoccupe aussi, c'est la cruauté envers les animaux, par exemple les animaux de cirque ou simplement les chiens.

L'année dernière, j'ai fait un stage chez un vétérinaire et j'ai appris beaucoup de choses, par exemple comment brosser les chevaux. J'étais très motivée et le vétérinaire était content de moi. C'était donc une expérience vraiment enrichissante.

En plus, je voudrais étudier la zoologie à l'université plus tard, puis j'espère trouver un emploi dans une association de protection des animaux. Si je travaille au refuge, je vais développer de nouvelles compétences et elles vont être utiles dans mon futur métier.

Pour finir, je pense que le bénévolat est important pour les jeunes parce que nous voulons participer à la vie en société.

Cordialement

Érika Carrel

---

1. Circle all the words related to animals in Érika's answer.

> Learn and use vocabulary related to your own interests, such as *les animaux de cirque*, *brosser* or *zoologie*.

2. Find in Érika's answer examples of the following verb tenses.
   - a present: *c'est,* ......
   - b imperfect: ......
   - c perfect: ......
   - d future: ......
   - e conditional: ......

3. Find two ways of adding emphasis. ......

4. Why does Érika think that working at the shelter will help her in future? Answer on paper in English.

70   **Unit 9 Using impressive language**

Get back on track

Your turn!

You are now going to plan and write your response to the exam-style question from page 65.

Exam style question

Nettoyer les plages en Bretagne

Vous voulez participer à une semaine de nettoyage des plages de Bretagne avec l'association *Génération Écologie*, mais il y a très peu de places disponibles.

Écrivez une lettre pour convaincre les organisateurs de vous offrir une place.

1 First jot down your ideas.

a. why you want to take part in this conservation project: ....

b. what you have already done for the environment: ....

c. how this experience will help you in future: ....

d. why young people's role in environmental protection is important: ....

2 Answer the question. Then check your work with the checklist.

Checklist	✓
In my answer do I …	
answer all the bullet points?	
use varied and precise vocabulary?	
use words learned as part of a phrase?	
use several time frames (present, perfect and imperfect, future)?	
vary the verb forms, not just using *je*?	
use appropriate phrases to emphasise my points?	
give facts, examples, opinions and reasons, using appropriate phrases and connectives?	

Unit 9 Using impressive language

Review your skills

Get back on track

Check up

Review your response to the exam-style question on page 71. Tick ✓ the column to show how well you think you have done each of the following.

	Not quite ✓	Nearly there ✓	Got it! ✓
used interesting vocabulary	☐	☐	☐
used grammar to best effect	☐	☐	☐
created opportunities to use more complex language	☐	☐	☐

Need more practice?

On paper, plan and write your response to the exam-style question below.

Exam-style question

Reportage

Un magazine français cherche des articles sur le bénévolat des jeunes pour son site Internet.

Écrivez un article sur le travail bénévole réalisé par les élèves de votre collège.

Vous **devez** faire référence aux points suivants:
- le genre de travail bénévole que font les collégiens
- ce que vous avez déjà fait personnellement
- ce que vous pensez de ces activités
- ce que le bénévolat va changer dans la vie des jeunes.

Justifiez vos idées et vos opinions.

Écrivez 130–150 mots environ **en français**.

(28 marks)

To write a good answer, try to include:
- a variety of structures
- examples of complex structures
- accurate language and structures to talk about past, present and future events
- creative language use, for example to express thoughts, ideas and feelings
- language used to interest and to convince the reader.

How confident do you feel about each of these **skills**? Colour in the bars.

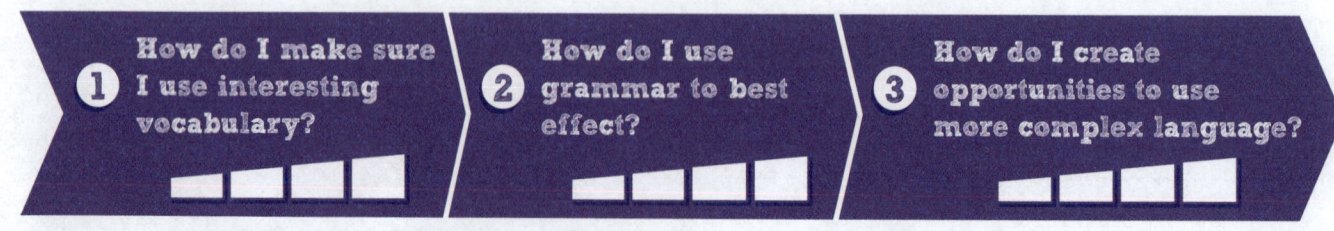

1. How do I make sure I use interesting vocabulary?
2. How do I use grammar to best effect?
3. How do I create opportunities to use more complex language?

Unit 9 Using impressive language

Answers

Unit 1

Page 2

1

A

À droite, il y a deux enfants assis dans une voiture. Au milieu, la mère rit. À gauche, le père porte un ballon. J'aime les sorties en famille l'été, parce qu'il fait beau.

B

C'est l'été et il fait beau. Une famille fait une sortie. Les enfants sont assis dans la voiture. Ils ont l'air contents. Je n'aime pas sortir avec ma famille car je me dispute avec ma sœur.

2

	Answer A	Answer B
Where?	à droite	dans la voiture
	dans une voiture	
	au milieu, à gauche	
When?		l'été
Weather?		il fait beau
Who?	deux enfants	une famille
	la mère	les enfants
	le père	
What?	une voiture	la voiture
	un ballon	
Actions?	(deux enfants) assis dans une voiture	la famille fait …
	la mère rit	(les enfants sont) assis dans la voiture
	le père porte …	
Feelings?		ils ont l'air contents

Page 3

1 Sur la photo, on voit quatre jeunes **dans** un parc.

À gauche, il y a un groupe de trois jeunes. Ils sont **debout**.

À côté, **à droite**, un garçon est **assis sur** un banc.

2 Possible answers

How to add interest	Examples
Where exactly?	Il est dans la cuisine / le salon / une chambre …
	Il est sur le balcon.
What about other times of the year? Days? Times?	C'est le week-end. C'est le printemps / l'automne / l'hiver.
	C'est le matin. C'est l'après-midi / le soir / la nuit.
Other weather expressions	Il y a du soleil / du vent …
	Il pleut / neige.
Other items of clothing	un gros manteau / des chaussures de sport / une belle robe blanche / un sac à dos
Physical features?	grand(e) / petit(e) / mince / brun(e)
Animals? Objects? Accessories?	Il y a des arbres / un vélo / une voiture / un portable …
Other actions?	Il court / marche / nage / jette …
	Elle se promène / fait du cheval / est sur une moto …
Other feelings?	Elle sourit. Elle a l'air heureuse.
	Il a l'air malheureux / fâché / en colère.

3 Sample answer

On voit quatre garçons dans un parc. Ils portent une veste ou un sweat. Il ne pleut pas, mais il fait froid.

Les trois jeunes à gauche sont debout. Ils bavardent et ils sourient. Le garçon à droite est assis sur un banc. Il a l'air malheureux.

Page 4

1 Sur la photo, on voit deux filles **et** trois garçons. La fille blonde a un tee-shirt rose **mais** la fille brune **porte** un blouson. **C'est l'été**, il fait beau et **ils se promènent** dans un skate park. **Derrière**, **il y a** des arbres.

2 Sample answer

C'est le printemps, l'été ou l'automne. Le garçon à gauche porte **un tee-shirt, un short et des baskets**.

Le garçon à droite porte **une veste, un jean et des baskets**.

3 Adverbs: probablement, assez

Comparative adjective: plus petite que

Superlative adjective: Le plus grand

4 Sample answer

On voit quatre jeunes. Ils sont dans un parc, c'est l'automne et il fait peut-être froid. À gauche, le garçon qui porte une veste noire est plus grand que les autres. Le garçon le plus petit, à droite, a les cheveux bruns, longs et frisés. Le garçon qui a un sweat bleu est très souriant. Le garçon assis sur le banc a l'air triste.

Page 5

1 a Underline: dans la salle de sport, à droite
  b Circle: ne sont pas contents, je déteste

2 a Circle: grand, paresseux, inactif
  b Underline: grand, mince, sportif, décontracté, content
  c Les filles sont **grandes** et **minces** et les garçons sont **sportifs** et **décontractés**. Ils sourient et ils sont tous **contents**. Moi, je n'aime pas le sport parce que je suis un peu **paresseuse** et **inactive**.

3 s'entendent, jouent, lance, fais, prends

Page 6

1

Which answer …	A	B	How is this done?
uses precise and varied vocabulary?		✓	souriante, avoir l'air heureux
avoids repetition?		✓	elle, ils
uses connectives?		✓	et
uses adverbs?		✓	vraiment
uses comparatives or superlatives?		✓	moins importante
avoids inconsistency?	✓	✓	
writes accurately (verbs, adjectives)?	✓	✓	

2 Sample answer

On voit des grands-parents avec leur petite-fille. Ils sont sur le canapé dans le salon. Ils ont l'air vraiment gentils et heureux. La famille, c'est important pour moi. (or, to include a comparative: Pour moi, ma famille est plus importante que mes copains.)

Page 7

1 a Possible answers
  Who? deux garçons, frères, copains
  Where? au bord de la mer, à la plage
  When? le week-end, pendant les vacances, en automne, au printemps
  Weather? beau, soleil
  What?
  Action? prendre une photo, se promener
  Feeling? contents, fatigués
  b Pour moi, l'amitié, c'est important / essentiel, etc.

2 Sample answer

Deux copains se promènent au bord de la mer et prennent une photo. Il fait beau mais pas chaud car ils portent un pull. L'amitié, c'est important pour moi.

Page 8

Sample answer with comments

Il y a deux garçons dans une grande (1) cuisine. Ils (2) sont souriants et contents (3). Le plus important (4) pour moi (5), c'est l'amitié. J'aime vraiment (6) mes amis et (7) on s'amuse bien (8)!

(1) add detail, use adjectives
(2) avoid repetition: les garçons = *ils*
(3) make adjectives agree with nouns (here masculine plural)
(4) superlative, to be more compelling
(5) give personal opinion
(6) adverb makes it more compelling
(7) use a connective
(8) use a verb in the present tense (different person, not always *je*)

Unit 2

Page 10

1 a/b All 4 bullets ticked.

Mon sport (préféré), c'est le tennis. Je vais au club de tennis de ma ville le mercredi et le samedi. L'année dernière, j'ai gagné cinq compétitions. Samedi prochain, je vais préparer une autre compétition. (J'aime beaucoup) ce sport parce que ça me détend. En plus, (c'est excellent) pour la santé.

  c it's relaxing / it relaxes him + it's good for health

2 a tick: write a blog, reply to messages, chat on social networks, create playlists
  b

activity	opinion	justification
RnB	she loves it	
writing on her blog	it was great	she got a lot of reactions
talking with strangers online	it's dangerous	
doing sport	it's important	she forgets her worries

Page 11

1

any topic	food	sport	music	books, magazines
bien	bon	fantastique	excellent	amusant
chouette	délicieux	passionnant	original	divertissant
cool	excellent	impressionnant		éducatif
génial	original			excellent
super				fantastique
sympa				intéressant
excellent				marrant
				original
				passionnant

2

any topic	food	sport	music	books, magazines
lamentable	dégoûtant		horrible	bébé
nul	mauvais			idiot
barbant	horrible			pénible
ennuyeux				trop sérieux

74 **Answers**

(3) Possible answers

délicieux / chouette

ennuyeux / barbant

barbant / horrible / nul

génial / excellent

passionnant / fantastique

ennuyeux / lamentable

passionnant

amusant / divertissant / marrant

nul / ennuyeux

Page 12

(1) (a) Je suis fan d'écrans! J'ai une passion pour les documentaires à la télé. J'aime bien les émissions sur les animaux, mais je préfère les magazines sur la mer et les bateaux. Ma passion, c'est les grands voiliers et mon émission préférée, c'est *Thalassa*. Je trouve ça éducatif et original. Par contre, j'ai horreur des émissions de télé-réalité sur les îles 'désertes'! Je trouve ça idiot.

J'aime aussi aller au cinéma. J'apprécie beaucoup le grand écran pour les films d'action ou les films d'aventure. C'est mieux que la télé ou la tablette.

(b) Phrase introducing both types of opinion: je trouve ça …

(2) any suitable positive/negative adjectives, with *C'est* or *C'était* as appropriate:

1st section: C'est + positive. C'était + positive.

2nd section: C'est + positive. C'était + negative. C'était + negative.

3rd section: C'était + positive. C'était + positive.

(3) Sample answer

J'aime beaucoup les westerns. C'est chouette. Le week-end dernier, j'ai vu 'Butch Cassidy'. C'était fantastique.

Je déteste les émissions de cuisine à la télé. C'est nul. Hier, j'ai regardé 'Masterchef'. C'était barbant.

Page 13

(1) Circle: bien, malheureusement, trop, vraiment, très, souvent, assez

(2) Possible answers

vraiment / plus / beaucoup / malheureusement / bien / un peu / très

(3) (a) Je n'aime pas aller au cinéma car c'est très cher. À l'Odeon, par exemple, ça coûte 15 livres.

(b) L'émission *Le Meilleur pâtissier*, c'est original car les participants ne sont pas professionnels. Ils sont profs ou jardiniers, par exemple, mais les gâteaux sont excellents.

(c) J'ai horreur d'aller au *Burger Bar* avec mes copains, parce qu'on mange mal. Les frites, par exemple, c'est dégoûtant.

(d) Ma sortie préférée, c'est le skate park avec mes amis, parce que c'est très amusant. Mon copain Mo, par exemple, est vraiment marrant avec sa planche.

(4) Possible answers

(a) Le dimanche, j'aime bien sortir avec mon copain Sam car c'est intéressant. On aime bien aller au musée, par exemple.

(b) J'adore aller au club de foot le week-end parce que mon équipe gagne beaucoup de matchs. Samedi dernier, par exemple, on a gagné 3-0!

Page 14

(1) Underline: préféré, cher, impressionnant, spéciaux, nouveau, dernière, excellent, cher, cher, divertissant, prochain

Circle: Malheureusement, vraiment, surtout, vraiment, Malheureusement, souvent, très, Quelquefois, moins, aussi

Opinions: Mon genre de film préféré, c'est …; j'ai adoré; C'était …; Je me passionne pour …; C'était …; je suis fan de …; c'est aussi divertissant

Reasons: surtout les effets spéciaux; car ça coûte très cher

Examples: par exemple, c'était 30 livres; Par exemple, je suis fan de 'Pirates des Caraïbes'

Page 16

(2) Sample answers

La télé et vous

Ma passion, c'est la télé! Je passe deux heures par jour devant l'écran. C'est vraiment passionnant. Mon genre d'émission préféré, c'est les comédies et j'aime surtout 'The Big Bang Theory' parce que c'est divertissant. Ce soir, je vais regarder 'The Returned' sur Netflix.

Tes sorties avec tes amis

En général, je sors avec mes copains du collège. Quelquefois, ma sœur vient aussi avec ses copines. C'est sympa parce qu'elles sont vraiment marrantes, surtout sa meilleure amie, Margot. On va souvent au parc ou au fast-food. Récemment, on est allés à un concert, parce qu'on est fans de RnB. Malheureusement, je n'ai pas beaucoup apprécié le chanteur. C'était barbant. Samedi, on va aller au Café du Centre, car on peut jouer à des jeux vidéo, par exemple 'Angry Birds', sur grand écran. C'est original et plus amusant que sur une console.

Unit 3

Page 18

(1)

	detail 1	detail 2
transport to school	by bus	the bus runs close to her home
clothes at school	they must wear uniform	she can wear a skirt or trousers
midday meal	she eats at school	but not on Saturdays (no classes)
plans for weekend	meet up with friends	work

Answers 75

2
- a) everyone including Sam
- b) Sam's mother
- c) everyone including Sam
- d) Sam
- e) Sam's aunt
- f) everyone including Sam
- g) Sam's father
- h) Sam's father
- i) Sam
- j) Sam
- k) everyone including Sam
- l) Sam's mates, including Victor

Page 19

1
- a) Elle vient
- b) nous préparons / on prépare
- c) Ils prennent
- d) j'ai
- e) il adore
- f) nous allons / on va

2 A g, B h, C f, D c, E b, F d, G a, H e

3
- a) est sortis   P
- b) va regarder   F
- c) a fait   P
- d) vais ranger   F

Page 20

1 a / b / c Right-hand column contains possible answers.

weather	Il **fait** chaud.	It's hot.	English: *is* (verb *to be*) French: *fait* (verb *faire*)
age	J'**ai** 15 **ans**.	I'm 15 years old.	English: *am* (verb *to be*); also uses *old* French: *ai* (verb *avoir*)
other phrases with *avoir*	J'**ai** faim. J'**ai** froid.	I'm hungry. I'm cold.	English: *am* (verb *to be*) French: *ai* (verb *avoir*)
how long, since when	**Depuis** janvier, je **vais** au collège à pied.	Since January, I've been going to school on foot / I've been walking to school.	English: *I've been going/walking* (past tense + *-ing*) French: *je vais* (present tense)
at/to someone's house	Je vais **chez** mon copain et puis je rentre **chez** moi.	I'm going to my friend's (house) and then I'm going home (to my house).	English: *to my friend's (house)* *home (to my house)* French: *chez* + noun or pronoun
word order	J'adore **les baskets de ma sœur** mais je déteste son **sweat bleu**.	I love my sister's trainers but I hate her blue sweatshirt.	English: *sister's* comes before *trainers* *blue* comes before *sweatshirt* French: *de ma sœur* goes after *baskets* *bleu* goes after *sweat*
action in the present	Aujourd'hui, je **prépare** un gâteau pour mon anniversaire.	Today, I'm preparing a cake for my birthday.	English: *I'm preparing* French: *je prépare* (no *-ing* form in French)

Page 21

1 Circle:

Échange (question): Vous voulez, vos activités

Échange (answer): Monsieur, Madame, amis, Cordialement, Beth Johnson

Les fêtes et toi (question): toi, Tu, ton

Les fêtes et toi (answer) Salut Victor!, super bon, plein de chocolat, copains, rigoler, Tu, tes, À plus, Sam

2

formal	informal
je vous envoie	je t'envoie
s'il vous plaît	s'il te plaît
c'est vraiment intéressant	c'est super cool
le professeur	le prof
c'est impressionnant	c'est génial
cordialement	à plus!
je me passionne pour	je suis fan de
mon amie	ma copine

Page 22

1. Subject pronoun + verb in the past: il a fait, il a plu, on a mangé

Subject pronoun + verb in the future: je vais faire les courses, Je vais nettoyer, On va écouter

Present tense + *depuis*: Je connais Harrison depuis deux ans

Modal verb (*devoir, pouvoir*) + infinitive: on peut manger, je ne peux pas faire

Subject pronoun *on*: on voudrait acheter, on peut manger, on a mangé, On va écouter

Word order that is different from English: le terrain de sport, un gâteau au chocolat

Formal style: Madame, Cordialement, Olivia Taylor

Informal style: salut, c'était génial, mes copains, super, Jamie

Page 24

Sample answers

Un repas en famille au restaurant

Nous mangeons quelquefois au restaurant pour un anniversaire ou pour la fête des Mères. En général, nous choisissons une pizzeria. Je prends souvent une salade parce que je suis végétarien(ne).

Samedi, mon grand-père va avoir 70 ans et nous allons fêter son anniversaire dans une crêperie parce qu'il adore les crêpes.

Ta vie quotidienne

Je vais au collège à vélo, parce que j'habite loin. C'est horrible quand il pleut! Le samedi matin, en général, je peux rester au lit, super! Ensuite, je fais mes devoirs. Je dois aussi ranger ma chambre, c'est vraiment pénible. Ma journée préférée, c'est le dimanche. Dimanche dernier, par exemple, j'ai retrouvé mes copines en ville et on a bien rigolé. Je ne fais pas souvent la cuisine, mais la semaine prochaine, c'est l'anniversaire de ma mère et je vais préparer un gâteau aux fraises, parce qu'elle adore les fruits.

Unit 4

Page 26

1.
- **a** She lives in Herne Bay, in the southeast of England.
- **b** It has the sea and the countryside.
- **c** In summer, it is generally sunny.
- **d** They are going to go to the beach.

2. Present tense: est, est, a, a, pleut, fait

Near future: allez venir, allons visiter, allons aller

3.
- **a** true
- **b** false: he met his friends at the cinema
- **c** true
- **d** false: it was less polluted before
- **e** true: he hopes the weather will be good so that they can go kayaking
- **f** false: he has already visited the museum this year

4. Any two of: *Samedi prochain* (next Saturday), *s'il pleut* (if it rains), *J'espère que* (I hope that)

Page 27

1. Only **b** and **f** refer to the future.

2. A c, B a, C d, D b

3. Underline: Le week-end prochain, Cette semaine, Pendant les vacances, L'été prochain

4. **a** demain **b** cet été **c** l'année prochaine **d** après-demain **e** ce week-end **f** l'été prochain **g** ce soir **h** pendant le week-end

5. Possible answers
- **a** Ce week-end, je vais me promener dans les collines. Ça va être fatigant!
- **b** L'hiver prochain, je vais apprendre à faire du ski. Ça va être super!
- **c** Pendant les vacances, mes parents et moi allons faire de la voile. Ça va être cool!
- **d** Pendant le week-end, je vais jouer au golf avec mon père. Ça va être intéressant.

6. Sample answer

Dans ma région, il y a beaucoup de monuments historiques intéressants. Le week-end prochain, je vais visiter un château célèbre, Windsor Castle. Ça va être super!

Page 28

1.
- **a** Underline: vas venir, va faire, allons nous baigner, va faire
- **b** Circle: quand (tu vas venir), s'il pleut, s'il fait beau, J'espère qu'(il va faire)

2. quand, s', s', J'espère qu', si, si

3. Possible answers
- **a** S'il fait beau, je vais aller à la plage/faire une promenade/me baigner, etc.
- **b** S'il ne fait pas chaud, on va visiter un musée/un château/faire les magasins, etc.
- **c** Si j'ai le temps, je vais aller à un match de foot/me détendre à la plage, etc.
- **d** Si je n'ai pas le temps, je vais rester à la maison, etc.
- **e** Quand il va faire beau, nous allons faire du cheval/nous baigner, etc.
- **f** Quand je vais finir mes devoirs, je vais faire du shopping/aller au cinéma, etc.

Page 29

1. vas, allons, va, vont, allons, vais, allez, va

2.
- **a** Circle: visité, va, parti, vas, baigner, vons, détendre, amuser, ne pas
- **b** Cet été, je vais **visiter** ma région avec deux copains. Ils **vont** venir en train et nous allons **partir** à vélo. On **va** camper près d'un lac. Le matin, je vais **me baigner**, ça va être super! S'il fait beau, nous **allons** faire des randonnées à vélo. Après, nous allons **nous détendre** à la piscine du camping. On va bien **s'amuser**! S'il pleut, ça **ne** va **pas** être drôle.

3. Sample answer

Quand tu vas venir, nous allons faire du camping dans la forêt. Ça va être très amusant! Il y a un grand lac, et, s'il fait beau, nous allons faire de la voile. Mes parents vont se baigner. Je vais apporter un sac à dos avec de l'eau, des chips et du chocolat. On va vraiment s'amuser et on ne va pas s'ennuyer!

Page 30

1.

	A	B
use a time phrase to give an example of what you're going to do		samedi prochain
add an opinion about something in the future with ça va être …	Ça va être intéressant!	Ça va être sympa!
use *si* + present tense	S'il pleut S'il fait beau	Si on a le temps
use *quand* + near future tense		Quand ils vont arriver
use *j'espère que* to say what you hope the weather will be like		J'espère qu'il ne va pas pleuvoir!
use a variety of subject pronouns	on, ça	je, ils, nous, il, on, ça
use *aller* + infinitive correctly	on va visiter on va faire ça va être	je vais aller ils vont arriver nous allons prendre on va manger ça va être
use *aller* + infinitive with a reflexive verb and/or a negative		il ne va pas pleuvoir

Page 32

Sample answers

Un échange linguistique

J'habite à Bournemouth, dans le sud de l'Angleterre.

Ma maison est ancienne et confortable.

Ici, il y a la mer et de belles plages.

S'il fait beau, nous allons nous promener à la plage et s'il ne fait pas beau, on va visiter le musée. Ça va être intéressant.

Bienvenue dans ma ville!

Il y a des attractions sensationnelles à Londres, comme Big Ben et Buckingham Palace.

Le week-end dernier, je suis allé(e) au centre-ville et j'ai visité un musée d'art moderne.

L'été, c'est la saison idéale pour visiter Londres parce qu'en général, il y a du soleil et il fait chaud.

Quand tu vas venir, nous allons visiter le Shard: s'il fait beau, tu vas avoir une vue formidable sur la ville! Parfois il pleut, alors s'il ne fait pas beau, nous allons visiter le British Museum. Ça va être passionnant! J'espère que tu vas aimer.

Unit 5

Page 34

1.
a. by the seaside
b. to Nice in France
c. to a holiday camp
d. they swam (bathed) and went sailing
e. the beach was dirty and over-crowded
f. it will be her first holiday without her family

2.
a. allons, prenons, est, allons, nous avons réservé
b. était, nous nous sommes baignés, avons fait, était, était, avait
c. vais aller, va être

Page 35

1. Only bullets c and e refer to the past.

2. A c, B a, C d, D b

3. Underline: L'été dernier, En 2016, L'année dernière, (Par exemple,) il y a deux ans

4.
a. hier b. avant-hier c. hier soir
d. dimanche dernier e. la semaine dernière
f. pendant les dernières vacances g. récemment

5. Sample answers

… mais l'année dernière, j'ai pris l'avion pour changer.

… Par exemple, en 2016, je suis allé(e) à Paris en Eurostar.

… L'été dernier, nous avons pris l'avion pour Sydney. C'était long!

… Pendant les dernières vacances, nous avons fait plus de 1000 kilomètres.

Page 36

1.
a. false: mais l'été dernier, en Bourgogne, j'ai mangé des spécialités locales
b. true: je suis allé dans de bons restaurants
c. false: j'ai mangé des escargots
d. false: C'était délicieux!
e. false: je n'ai pas aimé
f. true: il y avait trop de crème et c'était trop sucré

2.
a. Circle: mais, Par contre, malheureusement
b. Underline: En effet, Par exemple, parce que
c. Highlight: C'était délicieux! je n'ai pas aimé, il y avait trop de crème, c'était trop sucré

3. Sample answers

D'habitude, pendant les vacances, je ne pars pas. En effet, l'été dernier, je suis resté(e) à la maison; par contre, je me suis ennuyé(e) parce que mes amis sont tous partis en vacances. Ce n'était pas marrant.

Généralement, je vais en vacances avec mes grands-parents. En effet, j'ai passé un mois à la campagne avec eux l'année dernière. Malheureusement, je ne suis pas parti(e) avec eux cet été car je suis parti(e) chez mon père. C'était moins sympa.

Tous les ans, on va en vacances en voiture. Par exemple, on est allés plusieurs fois en France en ferry. Cependant, l'année dernière, nous avons pris l'avion parce que nous sommes allés au Maroc. C'était génial.

Chaque année, je travaille pendant les vacances. Par exemple, l'été dernier, j'ai aidé mes parents au magasin. Par contre, cet été, je suis parti(e) en camping avec mon cousin. C'était super parce que j'ai adoré camper!

Page 37

1. suis, ai, a, a sommes, ai, sommes, a, ont, sont, avons
2. allée, raté, trompée, pris, suis, je me suis ennuyée, suis, me suis reposée, mis, allées, n'avons pas nagé, fait, sommes rentrées
3. Sample answer

L'été dernier, je suis allé(e) à Paris en week-end avec ma famille. Quelle catastrophe! Nous sommes allés à l'hôtel mais on a vu des cafards dans la chambre. On est allés au restaurant mais ce n'était pas bon. Nous avons visité des musées mais je me suis ennuyé(e). C'était nul!

Page 38

1

use a time phrase to refer to the past	cet été, L'été dernier, Pendant les dernières vacances
use a phrase to create a contrast	mais, par contre
use a phrase to give an example	par exemple
use a phrase to give an explanation	car, parce que
use a variety of subject pronouns	nous, on, je, c', il
add an opinion about something in the past	C'était amusant!
use avoir and être correctly to form the perfect tense	nous avons pris, j'ai pris, j'ai dormi, nous ne nous sommes pas baignés, il a beaucoup plu, nous avons visité, on est allés, je ne me suis pas ennuyée
use the correct form of the past participle	prendre – pris
make the past participle agree with the subject (être verbs)	baignés, allés, ennuyée
use the correct word order for verbs in the perfect tense	nous ne nous sommes pas baignés Je ne me suis pas ennuyée.

Page 40

Sample answer

En général, j'aime aller au restaurant le week-end avec mes parents. Nous y sommes allés le week-end dernier.

D'habitude, je prends des pâtes ou une pizza mais la dernière fois, j'ai essayé une spécialité française. En effet, j'ai pris une ratatouille.

Le week-end dernier, on est allés dans un restaurant français. Malheureusement, je n'ai pas aimé la nourriture parce qu'il y avait trop de sel et c'était froid. En plus, le service était trop lent. C'était nul. La prochaine fois, on va essayer le nouveau restaurant indien au centre-ville.

Unit 6

Page 42

1 a

	fact(s)	example	opinion	reason
journée préférée	Tuesday	–	cool	no sciences
avantages	well equipped	use of tablets	great	wifi in classes
inconvénients	no swimming pool	–	shame	likes swimming
avant, à l'école primaire	used to sing in choir	–	nice	no choir so only sing at Christmas
prochaine sortie scolaire	British Museum	Egyptian mummies	exciting	interested in history

b Everything Elena says is relevant to the question.

2 **a** car **b** par exemple **c** parce qu' **d** par contre **e** je trouve ça **f** parce que **g** alors **h** sauf

Answers 79

Page 43

1
- **a** Lunchtime: 1 hour   Breaktime: 15 minutes
  A lesson: 1 hour
- **b** Underline: Elle commence trop tôt et finit trop tard. (*This repeats the sentence that comes before, so either one is correct but not both.*)

  et j'aimerais avoir plus de temps pour le déjeuner. (*Again, that repeats the first part of the sentence.*)
- **c** Circle: Mon collège est trop grand et il y a trop d'élèves. Par contre les profs sont sympa. (*This is not relevant to the question which is about the school schedule only.*)

  mais le soir, les devoirs sont trop difficiles. (*Again this is not relevant to a question on school times.*)

2 ✓ a, b, d   ✗ c, e

3 Sample answer

Je pense que la journée commence trop tôt. Je trouve que des leçons de 40 minutes, c'est trop court. On a 45 minutes pour le déjeuner mais c'est trop court. Je voudrais plus de temps pour me relaxer.

4 Sample answer

Mes cours commencent à 8h45 et pour moi, c'est trop tôt! Les récrés durent 10 minutes. Le midi, nous avons 30 minutes pour manger et je trouve ça trop court. Les cours durent 45 minutes, c'est bien. L'après-midi, ils finissent à 15h30. Après, je peux faire du sport, c'est cool.

Page 44

1
- **a** Comment est votre uniforme?   1, 4, 5, 6

  Êtes-vous pour ou contre l'uniforme au collège? 2, 3, 7
- **b** 1, 5 (or 5, 1), 4, 6, 2, 3, 7

2
- **a** Comment votre collège est-il aménagé? labos modernes, gymnase bien équipé, salles de classe agréables, très grande cour

  Aimez-vous l'ambiance du collège? trop grand, profs trop sévères avec nous, trop d'élèves, pas sympa, règlement pas raisonnable

- **b** Sample answer

  Mon collège est bien aménagé. Il y a des salles de classe agréables, des labos modernes, un gymnase bien équipé et une très grande cour.

  Je trouve que l'ambiance du collège n'est pas sympa. Il est trop grand, il y a trop d'élèves et les profs sont trop sévères avec nous. En plus, le règlement n'est pas raisonnable.

3 Sample answers

1 Notre uniforme, c'est une jupe ou un pantalon gris, une veste grise, une chemise blanche, une cravate bleue et des chaussures bleues ou noires.

  Moi, je suis pour l'uniforme parce que c'est facile et rapide de s'habiller le matin et tous les élèves ont les mêmes vêtements. Par contre, l'uniforme, ce n'est pas très joli en général.

2 Notre collège est moderne et bien équipé. C'est super parce que les salles de classe sont grandes et confortables. En plus, il y a une belle cantine et la cour est grande.

  L'ambiance du collège est assez sympa. Les élèves sont calmes et on s'entend tous bien. Par contre, je n'aime pas les relations avec les profs parce qu'ils sont trop sévères!

Page 45

1 1 car/parce que 2 en effet 3 et 4 par exemple
5 En plus 6 Par contre 7 alors/donc 8 si 9 sauf
10 mais

2 car/parce que, En effet, Par exemple, donc, Par contre, alors/donc, si

3 Sample answer

Je suis fier/fière de moi **parce que** je suis membre de l'orchestre. **En effet**, je joue du violon. **En plus**, je chante dans la chorale. J'ai participé à plusieurs spectacles, **par exemple** à Noël. On a eu du succès, **alors** j'étais content(e).

L'année prochaine, **si** mes parents sont d'accord, je vais faire un voyage avec l'orchestre. **Par contre**, je voudrais arrêter la chorale **car** je n'aime pas chanter **mais** la prof n'est pas d'accord.

Page 46

1
- **a** All three boxes ticked.
- **b**

all points made are relevant to the bullets	• journée préférée	le jeudi / le vendredi
	• avantages / inconvénients	moderne / règlement trop strict
	• avant, à l'école primaire	la cantine
	• sortie scolaire	voyage aux États-Unis
link ideas logically with connectives to …	add a fact	En plus, il est interdit
	give an alternative	ou le vendredi
	give an example	Par exemple, il y a une belle piscine
	create a contrast	Par contre, le règlement …
	explain	parce que j'ai géo
		En effet, les bijoux sont interdits
		car je n'y suis jamais allée
	add a consequence	alors je mange mal
	say 'if'	Si on va à New York
	say 'except'	sauf les montres

Page 48

2 Sample answer

L'année dernière, nous avons fait une sortie géniale près d'Exeter. En effet, nous sommes allés au Eden Project.

J'ai adoré la sortie parce que c'était très intéressant. Par exemple, nous avons vu des plantes extraordinaires. Par contre, il faisait très chaud dans la zone tropicale!

L'année prochaine, on va peut-être aller en France. Si on va à Paris, on va peut-être aller à Disneyland!

Les sorties scolaires, c'est super car on est entre copains alors on s'amuse bien ensemble, mais par contre c'est fatigant parce qu'on ne dort pas beaucoup!

Unit 7

Page 50

1
- le genre de travail que tu aimerais faire plus tard: gardener
- tes qualités pour ce travail: Molly is interested in nature; she is active and enjoys working outdoors
- le stage en entreprise que tu as fait: she worked on a farm; she had 4 colleagues, who were nice; she had a ride on a tractor; she now knows she doesn't want to work with animals (harder than cleaning her hamster's cage)
- tes projets après le collège: she will try to start an apprenticeship with a gardener

2 a true b false, she likes working outdoors c false, on a farm d true e false, she never wants to work with animals f true g false, if she can, she will try to start an apprenticeship

3 a jardinière, active, montée
   b jardinier, actif, monté

Page 51

1 / 2 / 3

	1	2	3 Possible answers
a	F	Je vais aller à la fac.	Je vais étudier les langues.
b	Pf	J'ai fait mon stage dans le magasin de ma tante.	J'ai fait mon stage dans le bureau de mon père.
c	Pr	Je fais du baby-sitting pour mes voisins.	Je promène le chien de ma voisine.
d	C	Je voudrais travailler avec des enfants.	Je voudrais/J'aimerais devenir instituteur/institutrice.
e	I	Ils étaient gentils.	Le patron était sévère.
f	Pf	Je suis allé(e) en Espagne.	Je suis allé(e) en Italie.
g	F	Je vais aider dans un garage.	Je vais laver les voitures.
h	Pr	On peut voyager.	On peut trouver un emploi intéressant.

Page 52

1 mes examens, mon stage, Mes collègues, mon patron, mon petit boulot, ma voisine, ma mère, mon propre magasin, ma propre entreprise, mon rêve

2 A c, B f, C e, D b, E g, F a, G d, H h

3
a Thomas n'a pas aimé son année sabbatique.
   Thomas didn't like his gap year.
b Il n'a jamais parlé espagnol.
   He never spoke Spanish.
c Il n'a rien appris.
   He didn't learn anything.
d Il ne veut plus visiter d'autres pays.
   He doesn't want to visit other countries any more/longer.

Page 53

1 a/b Après l'ecole, je vai prendre un année sabbatique parce que je ne suis jamais aller a l'étranger. Je voudrai voyage en Américe du Sud. Mon grand-père ai spagnol et l'anée dérniere, j'étudié le spagnol au college. Les langes sont tres utile pour le traveil.

c Corrected text: Après l'école, je vais prendre une année sabbatique parce que je ne suis jamais allé à l'étranger. Je voudrais voyager en Amérique du sud. Mon grand-père est espagnol et l'année dernière, j'ai étudié l'espagnol au collège. Les langues sont très utiles pour le travail.

2 Ma passion, c'est les voyages. Je n'aimerais pas travailler dans un bureau. L'année dernière, j'ai fait un stage à l'office de tourisme de ma ville. J'ai parlé avec des visiteurs étrangers et c'était intéressant. Plus tard, je vais étudier les langues à l'université et ensuite, je voudrais devenir guide.

Page 54

1
a present: je travaille, je nettoie, j'espère, c'est, je ne veux jamais, j'adore, je pense, c'est, je suis
b imperfect: j'étais
c perfect: je suis montée
d future: je vais apprendre, je vais étudier
e conditional: j'aimerais devenir

2 permis: masculine (**mon** permis)
passion: feminine (**ma** passion)

3 Circle: contente, montée, ingénieure, motivée, travailleuse

Masculine forms: content, monté, ingénieur, motivé, travailleur

Page 56

1 Sample answer

Bonjour

Je parle et j'écris couramment l'anglais, qui est ma langue maternelle. Je commence à parler le français puisque j'étudie cette langue au collège depuis cinq ans. J'ai aussi essayé d'apprendre l'italien sur un site web, parce que je suis allé à Rome l'année dernière.

À 18 ans, je voudrais prendre une année sabbatique et aller en France. Ce qui m'intéresse, c'est le contact avec les gens. J'aimerais donc faire du travail bénévole ou trouver un petit boulot. Après, je vais revenir en Angleterre et étudier les langues à l'université.

Callum

Unit 8

Page 58

1.
  a. Je déteste la pauvreté. (*la* before the noun)
  b. Il y a beaucoup d'injustice. (There is/are = *Il y a*; and remember *beaucoup de/d'*)
  c. Les sans-abri prennent un bain le week-end. (The French for 'to have a bath' uses the verb *prendre* not *avoir*)
  d. Je suis bénévole dans un refuge mais je ne donne pas d'argent. (*bénévole* is a noun, not a verb; a French negative needs *ne* and *pas*; *monnaie* means change not money)
  e. L'année dernière, j'ai travaillé avec des animaux mais maintenant, je travaille avec des enfants parce que c'est plus facile pour moi. (Most French adjectives go after the noun; take care with verbs; remember to use the determiner *des*; use *plus* to say something is 'more …')

Page 59

1.
  a. ii weather phrase: *il fait chaud*
  b. ii set phrase: *prendre le petit déjeuner*
  c. iii age: to have + number of years + years
  d. iii expression with *avoir*: *avoir faim*
  e. i set phrase: *il y a* = there is/are

2.
  a. Je pense que le racisme est un gros problème. (adjective before noun)
  b. Il y a une ambiance fantastique au festival. (adjective after noun)
  c. J'achète des produits verts quand je peux. (adjective after noun)
  d. Je ne prends jamais de bains, je préfère les douches. (negative *ne … jamais* around the verb)
  e. Je n'ai rien acheté dans le magasin. (negative *ne … rien* around the verb)
  f. Je ne vais plus boire de sodas. (negative *ne … plus* around the verb)

Page 60

1. anniversaire, journaliste, tourisme, typique, normalement

2.
  a. money = argent, change = monnaie
  b. journey = trajet, day = journée
  c. library = bibliothèque, bookshop = librairie
  d. to sit = passer, to pass = réussir
  e. coach = car, car = voiture
  f. I rest = je me repose, I stay = je reste

3.
  a. voyage
  b. énervant
  c. allons voir
  d. fois
  e. pièces

Page 61

1. Circle: a **la** b **de la** c **du** d **de**

2.
  a. Il joue **au** tennis et **au** football.
  b. Je joue **de la** guitare et **du** piano.
  c. On a joué **à des** jeux vidéo.

3.
  a. Mon ordinateur est **sur** mon bureau.
  b. Le festival commence le 10 mai. (no preposition)
  c. Le lundi, j'ai maths. (no preposition)
  d. Lundi, je vais aller en ville. (no preposition)
  e. Je regarde un film **à** la télé.
  f. Le matin, il est allé au marché. (no preposition)
  g. Nous allons skier **en** hiver.
  h. Il habite **à** Paris maintenant.

4.
  a. Ma sœur apprend **à** danser.
  b. Il a essayé **de** parler Hindi.
  c. Je veux être dentiste. (no preposition)
  d. J'écoute la radio. (no preposition)

Page 62

1.
  a. J'aime **la** musique pop.
  b. Il y a un **festival de musique à** Paris **le** 21 juin. (set phrase *il y a*; word order in *festival de musique*; preposition *à* with accent; no need for 'on' in dates)
  c. **Normalement**, je joue dans **un groupe** et je chante **sur scène**. (typical adverb ending -ly = -ment in French; a band – false friend – *un groupe*; on the stage – false friend – *sur scène*)
  d. **Je n'aime pas** la musique **classique** mais je vais **aller/assister à** un concert **la semaine prochaine**. (negative *n'aime pas*; word ending -ic – -ique; to attend – false friend – *assister / aller à*; word order in *la semaine prochaine*)
  e. L'année dernière, je **jouais du** violon mais cette année, je joue **de la batterie** parce que c'est plus facile. (imperfect tense *je jouais*; *jouer + de* + musical instrument; drums is plural in English but singular in French, *la batterie*)

Page 63

Possible answers

1.
  a. Je porte / mets des vêtements / habits confortables.
  b. Il y a beaucoup de chaussures dans mon placard / mon armoire.
  c. De temps en temps, je donne de vieux pantalons à des associations caritatives. (*de* is the more correct form of *des* when it comes before an adjective)

82 Answers

d Mon passe-temps préféré / favori, c'est le shopping mais je n'ai pas d'argent!

e Avant, j'achetais des tee-shirts bon marché mais maintenant, si j'ai assez d'argent, je vais acheter des vêtements / habits issus du commerce équitable.

Page 64

Possible answers

Le monde du travail

(a) Ma passion, c'est le théâtre.

(b) Mon père est secrétaire dans un bureau.

(c) Plus tard / À l'avenir, je voudrais travailler avec des enfants.

(d) Je n'ai pas de petit boulot mais j'aide à la maison / chez moi.

(e) L'été dernier, j'ai travaillé dans un hôtel et c'était amusant mais cette année, je vais travailler dans un magasin.

Les vacances

(a) J'aime aller au bord de la mer.

(b) Il y a beaucoup de choses à faire pour les jeunes.

(c) Normalement / Généralement / D'habitude, en juillet, nous réservons / on réserve une chambre dans un hôtel.

(d) Mon activité préférée est / c'est me reposer sur la plage mais je n'aime pas nager.

(e) L'année dernière, nous avons / on a voyagé en voiture, mais cet été, nous allons / on va prendre le train parce que c'est plus confortable.

Unit 9

Page 66

1 Correct: **a**, **c**, **e**, **g**

b Pawel helped pick litter in the streets of his town.

d The headteacher was delighted by / very happy with what the students did.

f Pawel is going to meet / will meet young French people with similar interests (if he goes on the beach clean project).

h Pawel is concerned by general indifference, but he's pleased that young people are more enthusiastic than adults.

2 Any three of:

Ce qui me préoccupe beaucoup

Pour moi, c'est donc important de

il faut agir vite

nous étions très fiers de nous

je suis sûr que ça va être une expérience enrichissante pour moi

le plus grand problème pour la planète, c'est l'indifférence

Heureusement, en ce qui concerne les projets de conservation, les jeunes sont plus enthousiastes que les adultes!

Page 67

1 a Circle: l'avenir, la planète, le nettoyage, la plage, les détritus, la poubelle, l'écologie, la conservation

2
rapidement	vite
les déchets	les détritus
placer	installer
très content	ravi
très content (de soi)	fier
l'environnement	l'écologie
l'université	la fac
certain	sûr
utile	enrichissant(e)
le manque d'intérêt	l'indifférence
très motivé	enthousiaste

3 a s'intéresser à l'écologie – to be interested in ecology

b apprendre de nouvelles compétences – to learn new skills

c protéger l'environnement – to protect the environment

d l'avenir de la planète – the future of the planet

e le projet de conservation – conservation project

f le nettoyage des plages – beach cleaning

Page 68

1 a / b / c Sample answer

Je voudrais faire du bénévolat. J'aimerais travailler avec les enfants. L'année dernière, j'ai fait mon stage en entreprise dans une école maternelle. C'était sympa. C'était fatigant mais très intéressant. Travailler avec les animaux, je trouve que c'est pénible. Cependant, l'année prochaine, je vais aider dans un refuge animalier.

2 Sample answer

Je voudrais faire du bénévolat. J'aimerais travailler avec les SDF parce que c'est intéressant. L'année dernière, j'ai travaillé dans un refuge et j'ai préparé des repas pour les visiteurs. C'était fatigant mais une expérience très enrichissante pour moi. Travailler avec les personnes âgées, je trouve que c'est difficile. Cependant, l'année prochaine, je vais aider dans une maison de retraite.

3 a Sample answer

À la maison, mes parents trient les déchets. Dans le jardin, ma mère fait du compost. Le matin, mon frère et moi, nous allons au collège à vélo.

Page 69

1 Possible answers

a Le plus grand problème environnemental, c'est le changement climatique.

b Ce qui me préoccupe, c'est les conditions de travail dans les pays pauvres.

c À mon avis, il est important d'acheter des produits du commerce équitable.

d Ce qui est important pour moi, c'est de respecter l'environnement.

2 a Ce qui est important pour moi, c'est la musique! [F] Je dépense tout mon argent en concerts [F] Par exemple, l'année dernière, je suis allée au festival de Glastonbury [E] À mon avis, c'est le meilleur festival [O] parce qu'on danse beaucoup et on s'amuse bien [R]. L'année dernière, il y avait une ambiance extraordinaire [F] Je vais donc retourner à Glastonbury cette année [F] car Shakira est au programme [R] et je pense que c'est la meilleure chanteuse [O].

b opinion: à mon avis, je pense que

reason: parce que, car

example: par exemple

Page 70

1 Possible answers:

espèces rares, orang-outans, tigres, cruauté, animaux, cirque, chiens, vétérinaire, brosser les chevaux, zoologie, association de protection des animaux

2 a present: c'est, ce qui me préoccupe, c'est, j'espère, je travaille, je pense, est, nous voulons

b imperfect: j'étais, était, c'était

c perfect: j'ai fait, j'ai appris

d future: je vais développer, elles vont être

e conditional: j'aimerais, je voudrais

3 1 le plus grand problème environnemental, selon moi

2 ce qui me préoccupe aussi, c'est

4 If she works at the refuge, she will develop new skills which will help her in her future job, as she is hoping to work for an animal charity.

Page 72

Sample answer

Mes amis et moi, nous faisons beaucoup de bénévolat. Ce qui est important pour nous, c'est de participer à la vie en société, mais comme nous sommes trop jeunes pour travailler, nous faisons du travail bénévole. L'année dernière, par exemple, des élèves du collège ont aidé à replanter des arbres dans le parc. C'était vraiment utile parce que c'était le seul espace vert en ville. D'autres élèves ont collecté de la nourriture pour une banque alimentaire.

Personnellement, ce qui me préoccupe, c'est l'isolement des personnes âgées. Cette année, j'ai fait des courses pour mes voisins âgés et j'ai passé plusieurs après-midi à bavarder avec eux.

Je crois que le bénévolat est une expérience vraiment enrichissante parce qu'on apprend de nouvelles compétences. En plus, ça permet de choisir son orientation professionnelle. Par exemple, après l'école, je vais étudier à l'université pour devenir travailleur social, parce que j'aimerais continuer à travailler avec des personnes défavorisées.